ENERGIEWENDE
so geht's

Anne Pamperin
Martin Oster

ENERGIEWENDE so geht's

Photovoltaik, E-Mobilität, Wärmepumpe intelligent vernetzen

Für Rolf, André und unsere Community bei »gewaltig nachhaltig«. Danke für eure Inspiration, eure Anregungen und eure vielen Ratschläge.

INHALT

DIE ZEIT FÜR DIE ENERGIEWENDE IST JETZT

GUT ZU WISSEN

Bevor wir uns dem Thema dieses Buches widmen, werfen wir einen Blick in die Zukunft, eine mögliche Zukunft: Wir befinden uns irgendwo in Deutschland, an einem sonnigen Tag im Frühsommer 2040. Es ist 9 Uhr morgens, die Sonne scheint seit einigen Stunden für uns vom Himmel herab, ihre Kraft erwärmt unsere Körper wie unsere Herzen und zaubert uns ein Lächeln ins Gesicht.

Mobilität, Wärme und Haus komplett auf Strom – sieht so unsere Zukunft aus?

Aber nicht nur auf unser Gemüt hat der große gelbe Feuerball am Himmel positive Auswirkungen: Die Sonne sorgt dafür, dass die Solarstromproduktion in Schwung kommt und die Photovoltaikanlagen auf Privatdächern, Industriegebäuden, öffentlichen Institutionen, Wohnanlagen, Parkplatzüberdachungen, Freiflächen und an den vielen tausend Balkonen arbeiten und viele Kilowattstunden Strom erzeugen.

Die Stromnetze sind ausgebaut, intelligente Steuerungen sorgen überall dafür, dass der überschüssige Strom dorthin fließt, wo er benötigt wird - in Haushalte, Mobilität und Wärmeerzeugung. Was nicht sofort verwendet wird, fließt weiter in andere Regionen oder Länder, dient - in Form von gespeicherter Energie - als Reserve für die Nacht oder wird beispielsweise zur Erzeugung von grünem Wasserstoff verwendet.

Ist dieses Szenario möglich? Oder sind diese Vorstellungen nur Ideen einiger Weniger?

Der frühere Bundeskanzler und SPD-Politiker Helmut Schmidt war ein Mann klarer Worte. Der Hamburger sagte (vermutlich) während des Bundestagswahlkampfes 1980 den legendären Satz: »Wer Visionen hat, sollte zum Arzt gehen.« Schmidt starb am 10. November 2015, hochbetagt, im Alter von 97 Jahren, doch das berühmte Zitat lebt weiter und passt hervorragend in die aktuelle Diskussion über den Klimawandel, die Energiewende und unsere Zukunft.

Sind wir nicht ganz bei Verstand, wenn wir an eine klimaneutrale Welt glauben? Müssen wir tatsächlich zum Arzt, wenn wir glauben, dass die Energiewende funktioniert? Ist es komplett unrealistisch, zu denken, dass wir unseren Strom zu 100 Prozent aus Sonne, Wind, Wasserkraft und weiteren regenerativen Energiequellen erzeugen können?

Was sind die Alternativen? Sollten wir uns komplett hinterfragen und alles, was bisher »normal« war, auf den Prüfstand stellen? Müssen wir verzichten, um zu überleben? Und: Hat der Klimawandel wirklich so schwerwiegende Konsequenzen, oder kommen wir und die nachfolgenden Generationen mit einem blauen Auge davon?

Um die Dringlichkeit der Energiewende zu unterstreichen, hier eine - unvollständige - Aufzählung von Fakten und Ereignissen, die uns in den vergangenen Jahren berührt, erschreckt oder sogar geschockt haben sollten:

- Das Jahr 2023 war das weltweit heißeste seit Beginn der Aufzeichnungen, auch die Meerestemperatur lag so hoch wie nie zuvor erfasst.
- Berichte über Hitzerekorde in Regionen und in Innenstädten und extreme Wetterlagen sind mittlerweile keine Seltenheit mehr.
- Gewaltiger Wasserüberschuss und die katastrophalen Folgen für Mensch und Tier wurden bei diversen Flutkatastrophen und Starkregenereignissen weltweit sichtbar: New York, Libyen, Griechenland, Hongkong, Brasilien, Slowenien - viele Menschen fielen in diesen Städten oder Regionen 2023 den Fluten zum Opfer.
- Naturkatastrophen infolge des Klimawandels haben im Jahr 2022 weltweit zu volkswirtschaftlichen Schäden von 270 Milliarden Dollar geführt.

Berichte über Hitzerekorde in Regionen und in Innenstädten und extreme Wetterlagen sind mittlerweile keine Seltenheit mehr.

Längst sind die Folgen klimatischer Veränderungen auch in Deutschland zu spüren. In den vergangenen Jahren häuften sich außergewöhnliche Wetterereignisse. Neben übermäßig heißen Sommern, die vielen Menschen zu schaffen machen, wirkt sich der Klimawandel vor allem auf die Verfügbarkeit von Wasser aus: Zu viel Wasser – in Form von Regen oder Überschwemmungen –, aber auch zu wenig Wasser kann katastrophale Folgen für Menschen, Tiere und deren Umwelt haben.

- Wassermangel und seine Folgen wurden sichtbar in den Dürren der letzten Jahre, die sich massiv auswirkten – insbesondere auf Landwirtschaft sowie Forstwirtschaft und Wälder.
- Die bisher größte Flutkatastrophe in Deutschland, die 2021 über das Ahrtal und ihre Bewohnerinnen und Bewohner hereinbrach, ist noch immer präsent und lange nicht aufgearbeitet. Mit acht Milliarden Euro Versicherungsschaden übertraf dieses Ereignis den bisherigen Schadensrekord durch Hochwasser in Deutschland um das Vierfache.
- Im Winter 2023/2024 hatte das Hochwasser Deutschland erneut fest im Griff. Dieses Mal besonders stark betroffen: Niedersachsen, Bremen, Sachsen-Anhalt und Thüringen.

Die bisher größte Flutkatastrophe in Deutschland brach 2021 über das Ahrtal und ihre Bewohnerinnen und Bewohner herein.

Die Überschwemmungen und ihre Folgen zeigen, welche Auswirkungen ein extremes Niederschlagsereignis, das durch den Klimawandel wahrscheinlicher wird, haben kann. Laut Bericht des Weltklimarates IPCC (Intergovernmental Panel on Climate Change) stiegen die vom Menschen gemachten Treibhausgasemissionen zwischen 2010 und 2019 weiter an. Zwar war das Wachstum im letzten Jahrzehnt nicht mehr so rasant und wurde durch die Corona-Pandemie sogar kurzzeitig gestoppt. Doch noch nie waren die Emissionen so hoch wie heute.

In dem Projekt »Kosten durch Klimawandelfolgen in Deutschland« untersuchten das Institut für ökologische Wirtschaftsforschung (IÖW), die Prognos AG und die Gesellschaft für Wirtschaftliche Strukturforschung (GWS) systematisch und umfassend die volkswirtschaftlichen Folgekosten sowie immaterielle Schäden klimawandelbedingter Extremwetterereignisse. Die zu erwartenden volkswirtschaftlichen Folgekosten bis zum Jahr 2050 sind beträchtlich. Je nach unterstelltem Klimaszenario summieren sie sich über den Zeitraum 2022 bis 2050 real auf mindestens 280 bis 900 Milliarden Euro. Die Kosten verteilen sich nicht gleichmäßig auf die einzelnen Jahre, sondern ziehen im Zeitverlauf immer stärker an. Dieser Kostenanstieg wird sich bis zum Ende des Jahrhunderts mit fortschreitendem Klimawandel verstärkt fortsetzen.

Neben den gesamtwirtschaftlichen Effekten umfassen die Folgen auch strukturelle Veränderungen der Wirtschaft und Arbeitsmärkte, die Zunahme der sozialen Ungleichheit und die daraus folgende mögliche Spaltung der Gesellschaft sowie einen negativen Einfluss auf die Erfüllung der nationalen 2030er UN-Nachhaltigkeitsziele (SDGs). Der Klimawandel wird Kosten in Milliardenhöhe verursachen. Hinzu kommen weitere sozioökonomische und soziale Folgen wie Todesfälle sowie ökologische Schäden, wozu etwa der Verlust an Biodiversität zählt.

Und: Während für uns nützliche Arten, die sich nicht so schnell an die veränderten Lebensbedingungen anpassen können, aussterben, übernehmen andere das Zepter. Durch die sich wandelnde Umwelt und die steigenden Temperaturen siedeln sich in unseren Breitengraden vermehrt Schädlinge an.

Ein durch den Borkenkäfer geschädigter und abgeholzter Fichtenbestand im Arnsberger Wald im Sauerland.

Ein bekanntes Beispiel ist der Borkenkäfer, der sich vor allem in Zeiten großer Trockenheit in Wäldern ausbreitet und dort Bäume befällt. Durch lange Trockenphasen sind diese geschwächt und ihre Abwehrkräfte gegen Schädlinge lassen nach. Vor allem Monokulturen (beispielsweise Fichtenbestände), sind gefährdet.

Diese Entwicklung ist besorgniserregend, da gerade Wälder CO2 aufnehmen und Sauerstoff wieder abgeben können. Ein Drittel der Landesfläche Deutschlands (11,4 Millionen Hektar) ist mit Baumbestand bedeckt. Schon einmal, in der 1980er-Jahren, war diese natürliche »grüne Lunge« durch das Waldsterben gefährdet. Grund war der »saure Regen«, dessen Hauptursache die damalige Luftverschmutzung durch ungefilterte, säurebildende Abgase von Kraftfahrzeugen, aber auch Industrieanlagen wie Kohlekraftwerken, war. Politische Entscheidungen und die anschließenden Maßnahmen wie der Einbau von Schwefelfiltern in Industrieschornsteinen, von Katalysatoren in PKW und LKW und die Einführung von bleifreiem Benzin und schwefelarmem Diesel sorgten für eine Verringerung der schädlichen Emissionen und ein Ende des Waldsterbens.

ICH ALS EINZELNE PERSON KANN SOWIESO NICHTS TUN – ODER DOCH?

Wer sagt: »Was kann ich als einzelne Person schon tun?«, sollte sich vor Augen halten, dass die Folgen des Klimawandels schon heute vor allem die armen Länder betreffen, die Verursacher der hohen Treibhausgasemissionen jedoch die Bewohner der reichen Regionen sind. Die vermögendsten zehn Prozent der Weltbevölkerung verursachen zwischen 34 und 45 Prozent aller Treibhausgasemissionen.

Um diese Entwicklung zu stoppen oder zumindest abzumildern, sind in Europa und auch in Deutschland massive Einsparungen der CO2-Emissionen in den Bereichen Wärme, Mobilität, Gebäudeversorgung, Industrie und Ernährung notwendig. Denn das Kohlendioxid sorgt durch seinen Verbleib in der Atmosphäre unseres Planeten für die Verstärkung des Treibhauseffekts. Dieser führt zu den bereits erwähnten klimatischen Veränderungen.

Während die Europäische Union (EU) auf kontinentaler Ebene mit dem Aktionsplan »Fit for 55« bis 2055 klimaneutral sein will, hat sich Deutschland das Jahr 2045 als Ziel gesetzt, ab dem die Energieversorgung aus dem eigenen Land wie auch die importierten Energien CO2-neutral produziert werden sollen.

Die Antworten auf die Frage: »Was kann ich als einzelne Person tun?« sind vielfältig. Wir wollen in diesem Buch verschiedene Wege aufzeigen, die persönliche Energiewende kurzfristig, mittelfristig und langfristig zu realisieren. Dabei geht es auch darum, Maßnahmen wirtschaftlich vertretbar umzusetzen und die Frage zu beantworten, wie viel – oder ob überhaupt – Einschränkungen wir dafür im Bereich Komfort, Wohlstand und damit auch in punkto Lebensqualität in Kauf nehmen müssen.

Bei allen Überlegungen und Zweifeln gilt jedoch: Denkt nicht nur an euch, sondern auch an die nachfolgenden Generationen, also an Kinder, Enkel und Urenkel. *Das Klima verhandelt nicht mit uns.* Hier geht es um Naturgesetze: Diese können wir nicht beeinflussen – ihre Auswirkungen schon!

»Klimastreiks« sind heutzutage keine Seltenheit mehr.

GLOSSAR – EINIGE BEGRIFFS-ERKLÄRUNGEN VORWEG

Wer in die Kopplung der Energiesektoren Wärme, Mobilität und Haushalt hin zu reinen Stromverbrauchern eintauchen will, wird auf zahllose Maßeinheiten, Funktionen, elektrotechnische Gerätschaften und Institutionen im rechtlichen und technischen Bereich treffen. Daher ist es für die Verständlichkeit der folgenden Kapitel unerlässlich, dass wir zunächst einen Crashkurs in den wichtigsten Begrifflichkeiten vermitteln.

Autarkie: Dieser Begriff bezeichnet einen auf eine Situation bezogenen Zustand vollkommener Unabhängigkeit. Das Ziel vieler Photovoltaikanlagenbetreiber, möglichst unabhängig vom öffentlichen Stromnetz zu sein, ist wegen der schwachen Wintererträge kaum zu erreichen. In der Regel spricht man deshalb lediglich vom Autarkiegrad, also dem Anteil des Gesamtstromverbrauchs, der durch die Photovoltaik (PV) gedeckt wird.

Bidirektionales Laden: Laden in zwei Richtungen, hier bezogen auf das Elektroauto. Der Akku des Fahrzeugs kann also nicht nur be-, sondern auch entladen werden. In einem intelligenten Stromnetz dient dies mitunter der Netzstabilisierung, indem Millionen E-Auto-Akkus Schwankungen in den Verteilnetzen mit ihrer Speicherkapazität ausgleichen. Es wird unterschieden zwischen dem Laden vom Fahrzeug ins Netz an öffentlichen Punkten, dem *Vehicle-to-Grid (V2G)* und dem Laden an privaten Stationen (Wallboxen) ins Haus, genannt *Vehicle-to-Home (V2H).*

Blauer Wasserstoff: Wasserstoff, der mittels Dampfreformierung aus der Verbrennung von Erdgas gewonnen wird, wobei das freigesetzte CO2 in der Erde verpresst wird. Nach EU-Regularien wird dieser blaue Wasserstoff als klimaneutral deklariert, obwohl bei seiner Herstellung nicht unerhebliche Mengen an Treibhausgas freigesetzt werden.

CO2-Rucksack: Durch Produktionsaufwand bedingter Ausstoß des Treibhausgases Kohlenstoffdioxid (CO2) bei der Herstellung von PV-Modulen und Stromspeichern. Dieser muss in die CO2-Bilanz von regenerativen Energieerzeugern mit einberechnet werden.

Eigenbedarf: Die Menge an Strom, die zur Deckung der Versorgung notwendig ist. Kurz: der Stromverbrauch.

Einspeisevergütung: Die finanzielle Vergütung für ins Netz eingespeisten Strom. Sie richtet sich nach dem Monat, in dem die PV-Anlage in Betrieb genommen wurde und ist vom Verteilnetzbetreiber monatlich oder jährlich auszuzahlen.

Einspeisung: Strom, der von der PV-Anlage erzeugt und nicht selbst verbraucht wird, wird ins öffentliche Stromnetz eingespeist und über das Erneuerbare-Energien-Gesetz (EEG) vom Verteilnetzbetreiber vergütet.

Energieversorgungsunternehmen (EVU): Das Unternehmen, bei dem man den Stromliefervertrag abgeschlossen hat und von dem die Stromrechnung kommt. Seit der Liberalisierung des Strommarkts in den 1990er-Jahren ist die Wahl des EVUs frei.

Erneuerbare Energien: Hierbei handelt es sich entgegen der Begrifflichkeit eigentlich nicht um eine Energieform, die erneuert wird. Vielmehr sind es die Energiequellen, die permanent und dauerhaft zur Verfügung stehen. Dazu gehört die Sonne, die Licht und Wärme zur Erde schickt. Ersteres wandeln wir durch Photovoltaik in Strom um, Letztere wird in thermischen Anlagen zum Heizen verwendet. Außerdem sorgt die thermische Einstrahlung für Luftzirkulation, mit der wir Windkraftanlagen betreiben. Die zweite permanent vorhandene Quelle ist der Erdkern, dessen Wärme wir in Form von Geothermie nutzen. Die dritte Quelle ist die Gravitation, die bei Pump-, Gezeiten- und Laufwasserkraftwerken genutzt wird, um Strom zu erzeugen.

Gleichstrom (englisch direct current, DC) und Wechselstrom (englisch alternating current, AC): Bei Gleichstrom fließen die Ladungsträger des elektrischen Stroms konstant in eine Richtung, beim Wechselstrom wechseln diese ihre Richtung in gleicher Frequenz. Gleichstrom kommt bei der Batteriespeicherung wie auch im Hochspannungsbereich zum Einsatz, um Strom über weite Strecken mit geringen Verlusten zu transportieren. Wechselstrom wird im Niederspannungsbereich angewendet, da die Spannung über Transformatoren verlustarm reguliert werden kann.

Grundlast/Spitzenlast: Den permanenten Stromverbrauch im Haus durch Geräte, die dauerhaft Strom benötigen (Kühlschrank, Heizung, technische Geräte im Stand-by-Modus), nennt man Grundlast. Großverbraucher, die nur gelegentlich laufen (Waschmaschine, E-Auto) sind hier nicht berücksichtigt und bilden die sogenannte Spitzenlast. Im Stromnetz wird mit Grundlast die Energiemenge bezeichnet, die permanent verbraucht wird.

Grüner Wasserstoff: Wasserstoff (H2), der durch Elektrolyse entsteht, also in diesem Fall die Zerlegung von Wassermolekülen in Wasserstoff und Sauerstoff mithilfe von regenerativ erzeugtem Strom. Die Herstellung ist sehr stromintensiv, dafür aber klimaschonend. Weitere H2-Arten werden mit anderen Farben (Türkis, Blau, Pink oder Grau) gekennzeichnet.

Kilowatt (kW): 1 Kilowatt = 1 000 Watt. Einheit für Leistung. Leistung ist die Energiemenge, die in einem Augenblick von einem Generator erzeugt/umgewandelt wird. Die aktuelle Leistung der PV-Module wird in Watt angegeben.

Kilowattstunde (kWh): 1 Kilowattstunde = 1 000 Wattstunden. Einheit für Arbeit. Gibt die Energiemenge an, die über einen bestimmten Zeitraum erzeugt/verbraucht/gespeichert wurde. Der Hausverbrauch oder auch die im Speicher befindliche Energiemenge wird in Wattstunden angegeben.

Kilo, Mega, Giga, Tera: 1 Terawatt = 1 000 Gigawatt = 1 000 000 (Million) Megawatt = 1 000 000 000 (Milliarde) Kilowatt.

Kilowatt-Peak (kWp): die maximale Nennleistung der PV-Module unter Standardbedingungen. Die tatsächliche Leistung kann diese unter idealen Bedingungen kurzfristig überschreiten, bleibt die meiste Zeit aber je nach Witterung und Ausrichtung der Module zur Sonne darunter.

Marktstammdatenregister (MaStR): das Register für den deutschen Strom- und Gasmarkt. Hier sind vor allem die Stammdaten zu Strom- und Gaserzeugungsanlagen eingetragen. Außerdem sind die Stammdaten von Marktakteuren wie Anlagenbetreibern, Netzbetreibern und Energielieferanten zu registrieren. Das Marktstammdatenregister wird von der Bundesnetzagentur geführt.

Messstellenbetreiber: wird im Messstellenbetriebsgesetz (MsbG) geregelt. Der Messstellenbetreiber ist für die Installation der Stromzähler und deren Ablesung verantwortlich. Er kann frei gewählt werden, in den meisten Fällen ist dies jedoch der Verteilnetzbetreiber.

Netzbetreiber/Verteilnetzbetreiber: der Betreiber des lokalen Niederspannungsstromnetzes. Er koordiniert Transport und Verteilung des Stroms von den Kraftwerken zu den Verbrauchern. Während die Übertragungsnetzbetreiber die großen Stromtrassen bedienen, ist für jeden einzelnen Haushalt jeweils der örtliche Verteilnetzbetreiber zuständig. Mit diesem Unternehmen schließt der Gebäudeeigentümer einmalig einen Netzanschlussvertrag. Der Netzbetreiber ist nicht frei wählbar, da es physikalisch nur das eine lokale Stromnetz gibt.

Netzdienlichkeit: Das Stromnetz muss zu jeder Zeit so viel Strom zur Verfügung stellen, wie von den angeschlossenen Verbrauchern abgenommen wird. Das

Netz muss also stets in einem ausgewogenen Zustand zwischen Einspeisung und Verbrauch stehen. Daher muss die Erzeugung dem Verbrauch angepasst werden. PV-Anlagen speisen im Sommer zur Mittagszeit am meisten Strom ins Netz ein. Daher bietet es sich an, zu diesem Zeitpunkt einen möglichst hohen Verbrauch zu erzeugen, zum Beispiel durch das Laden von E-Autos oder das Erzeugen von warmem Wasser.

Netzeingriffe: Um die oben beschriebene Netzdienlichkeit zu ermöglichen, müssen Erzeugung und Verbrauch in Einklang gebracht werden. Das geschieht durch gezielte Zu- und Abschaltung von Erzeugern und Verbrauchern.

Sektorenkopplung: die energetische Zusammenführung der energieverbrauchenden Bereiche Wohnen, Mobilität und Wärme. Energieträger ist im Idealfall der regenerativ erzeugte elektrische Strom. Dieser versorgt alle elektrischen Geräte. Im Wärmebereich wird die Sektorenkopplung verstärkt über Wärmepumpen oder Klimageräte realisiert. Im Verkehr können nicht nur batterieelektrische, sondern auch mit anderen Technologien ausgestattete Fahrzeuge zum Einsatz kommen. Voraussetzung sind mit Strom und Wasser erzeugte flüssige oder gasförmige Kraftstoffe.

Smart Grid: das intelligente Stromnetz (*grid* ist englisch für Gitter oder Raster) der Zukunft. Während bisher Grundlastkraftwerke permanent mit einer festen Leistung Strom erzeugen und Spitzenlastkraftwerke die erhöhten Tagesverbräuche abdecken, werden in Zukunft mehr und mehr ungleichmäßig energieerzeugende Anlagen wie Photovoltaik und Windkraft ans Netz gehen. Da immer nur so viel Strom im Netz sein kann, wie auch verbraucht wird, ist es notwendig, nicht-permanente Verbraucher dann zuzuschalten, wenn ausreichend Strom erzeugt wird sowie Überschüsse automatisch zu speichern, um im Bedarfsfall wieder darauf zurückgreifen zu können. Dies alles geschieht in einem intelligent agierenden Stromnetz.

Smart-Meter-Gateway/iMSys: Mit der Errichtung einer PV-Anlage stattet der Messstellenbetreiber den Haushalt mit einem modernen digitalen Zweirichtungsstromzähler aus. Ein *Smart-Meter-Gateway* ist eine intelligente Kommunikationseinheit, die Stromerzeuger, -zähler, Verbraucher und das intelligente Stromnetz *(Smart Grid)* miteinander verbindet und kommunizieren lässt. Dieses intelligente Messsystem (iMSys) übermittelt alle 15 Minuten die Messdaten an den Netzbetreiber. Dadurch können Verbraucher so gesteuert werden, dass sie nur dann Strom beziehen, wenn genug vorhanden ist. Zukünftig werden damit zunächst alle Haushalte mit einem Jahresstromverbrauch von über 6000 Kilowattstunden oder mit PV-Anlagen, die größer als 7 Kilowatt-Peak sind, ausgestattet.

Wechselrichter (= Inverter): Das Herzstück der PV-Anlage. Der Wechselrichter wandelt den

Gleichstrom, den die PV-Module erzeugen, in Wechselstrom um. Dieser bedient die elektrischen Verbraucher im Haus. Die meisten Wechselrichter sind mit einem Schattenmanagement ausgestattet und regeln so die Leistungserzeugung der Module, falls einige von Verschattung betroffen sind.

Wirkungsgrad: Das Verhältnis zwischen der insgesamt eingesetzten Energiemenge und derjenigen, die davon tatsächlich genutzt werden kann.

Zweirichtungszähler: Digitaler Stromzähler, der sowohl den ins Haus fließenden als auch den ins Netz gelieferten Strom zählt. So werden Bezugskosten und Einspeisevergütung ermittelt.

ABKÜRZUNGEN/INSTITUTIONEN

BMWK: Das Bundesministerium für Wirtschaft und Klimaschutz ist eine oberste Bundesbehörde mit Dienstsitz in Berlin.

Bundesnetzagentur: Die Bundesnetzagentur für Elektrizität, Gas, Telekommunikation, Post und Eisenbahnen ist eine selbstständige Bundesoberbehörde mit Sitz in Bonn. Sie hat den Auftrag, durch Regulierung in den Zuständigkeitsbereichen den Wettbewerb zu fördern und einen diskriminierungsfreien Netzzugang zu fairen Bedingungen zu gewährleisten. Seit 2011 ist sie auch für den beschleunigten Ausbau der Stromnetze zuständig.

EEG: Erneuerbare-Energien-Gesetz. Das EEG wurde im Jahr 2000 eingeführt und regelt unter anderem den Einspeisevorrang erneuerbarer Energieerzeuger in das deutsche Stromnetz und dessen Vergütung.

Fraunhofer ISE: Fraunhofer Institut für Solare Energiesysteme in Freiburg

GEG: Gebäude-Energie-Gesetz

KfW: Kreditanstalt für Wiederaufbau

UBA: Umweltbundesamt

UNSERE PRIVATE ENERGIEWENDE

WELCHE MÖGLICHKEITEN BIETET DER BUNGALOW AUS DEN 1980ER-JAHREN?

Wir berichten in diesem Buch auch über unsere persönliche Energiewende in kurzen Anekdoten und Berechnungen. Daher stellen wir an dieser Stelle zunächst unsere eigene Situation vor und beschreiben kurz, wo und wie wir wohnen und welche Technik bei uns verbaut ist.

Wir wohnen seit 2012 in einem Bungalow in Quickborn, einer 20 000-Einwohner-Stadt, zehn Kilometer nördlich von Hamburg im schönen Schleswig-Holstein. Unser eingeschossiges teilunterkellertes Wohnhaus mit Flachdach stammt aus dem Jahr 1983 und ist seither energetisch nicht weiter erneuert worden. Die Wohnfläche beträgt 120 Quadratmeter, dazu kommen 40 Quadratmeter Keller.

Die Außenwände sind 42 Zentimeter dick, bestehen aus Kalksandstein mit einer 10 Zentimeter dicken Dämmschicht und einer 2 Zentimeter breiten Luftschicht. Die Fenster sind in Mahagoniholzrahmen eingefasste Zweifachverglasungen aus dem Baujahr des Gebäudes. Der Keller ist nicht weiter gedämmt. Das Dach ist eine Holzanfertigung, mit Bitumenbahnen abgedeckt und mit 15 Zentimeter Dämmstoff gefüllt. Wir haben also schon einen gewissen energetischen Standard.

Das Haus wurde zu Zeiten der ersten Energieeinsparverordnung aus dem Jahr 1979 gebaut. Diese resultierte aus den Energiekrisen der 1970er-Jahre (1973 und 1979/80) und schrieb vor, welchen energetischen Standard neugebaute Wohngebäude fortan erfüllen müssen. Bis heute wurde diese Verordnung mehrfach verschärft und auch namentlich angepasst.

Auf dem Dach unseres Bungalows nördlich von Hamburg liegen mittlerweile 20,5 Kilowatt-Peak Photovoltaik.

Unser Gebäude ist nach Südosten ausgerichtet. Auf dem Flachdach liegen 55 Photovoltaik-Module, von denen 33 nach Südosten und 22 nach Nordwesten gewandt sind, mit einer Abweichung zu Süd von -65 Grad beziehungsweise 115 Grad. Die Module sind mit 10 Grad aufgeständert, 44 Module haben eine Leistung von 280 Watt-Peak (Wp) und 11 Module haben eine Leistung von 405 Watt-Peak.

Auf dem Carport mit 10 Grad Neigung nach Süden (25 Grad nach Westen abweichend) sind weitere 10 Module zu 405 Watt-Peak flach aufgebracht. Unsere jüngste Erweiterung ist ein Balkonkraftwerk mit einer Leistung von 1,78 Kilowatt-Peak, das mit einem Speicher von 3,2 Kilowattstunden (kWh) kombiniert und ebenfalls als EEG-Photovoltaikanlage angemeldet ist. Die vier Module hängen an unserer Süd-Ost-Fassade und erzeugen an sonnigen Wintertagen wegen der vorteilhaften Ausrichtung zur tiefstehenden Sonne gute Erträge. Die neueren Module aus dem Jahr 2022 hängen an einem 6 Kilowatt (kW) starken Wechselrichter, alle anderen Module aus den Jahren 2018 und 2019 sind an einen 10 Kilowatt großen Hybrid-Wechselrichter angeschlossen. Hybrid, weil mit diesem auch unser 8,6 Kilowattstunden fassender Stromspeicher verbunden ist. Der Hybridwechselrichter ist außerdem ersatzstromfähig. Das bedeutet, dass wir im Falle eines Stromausfalls nur ein Kabel anschließen und einen Trennschalter umlegen müssen und dann unser Haus weiter mit Strom aus dem Speicher und aus der Photovoltaikanlage versorgen können.

Mobil sind wir mit zwei E-Pedelecs sowie mit einem Tesla Model 3 Performance mit einer Reichweite von 400 bis 500 Kilometern – je nach Fahrweise und Witterung. Das Auto kann über unsere Wallbox mit 11 Kilowatt oder mit Photovoltaik-Überschussstrom (mit jeweils angepasster Leistung) geladen werden.

Seit November 2022 wird unser Haus mit einer Wärmepumpe beheizt.

Das Auto hat im Jahr 2023 bei einer Fahrleistung von 12 000 Kilometern mit heimischer Ladung insgesamt 2300 Kilowattstunden verbraucht, davon wurden 1470 Kilowattstunden aus Photovoltaiküberschüssen ins Auto geladen.

Beheizt wird das Gebäude seit 2022 mit einer Wärmepumpe (maximal 3 Kilowatt elektrische Leistung/7 Kilowatt Heizleistung). Ihr Verbrauch lag im ersten Jahr und bei Wohnraumtemperaturen zwischen 18 und 20 Grad bei 3917 Kilowattstunden Strom für Heizungswärme und 952 Kilowattstunden Strom für warmes Wasser. Letzteres wird in einem 300-Liter-Speicher bevorratet. Mit diesen 4869 Kilowattstunden Strom haben wir eine Wärmemenge von 18 684 Kilowattstunden Wärme erzeugt. Die Wärmepumpe hat in diesem Jahr eine Jahresarbeitszahl von 3,8 erreicht. Wir haben also mit einer Kilowattstunde Strom 3,8 Kilowattstunden Wärme erzeugt – ein durchschnittlicher Wert für moderne Wärmepumpen im Bestandsbau.

Von der benötigten elektrischen Energie für die Wärmepumpe kamen bilanziell 1250 Kilowattstunden aus unserer Photovoltaikanlage. Bilanziell bedeutet, dass nur Strom über den Hausbedarf hinaus für die Wärmepumpe als zusätzlicher Verbraucher gerechnet wurde.

BESTANDSAUFNAHME

ENERGIENUTZUNG DAMALS UND HEUTE

Elektrische Verbraucher werden mit Strom betrieben, gefahren wird mit Diesel oder Benzin und geheizt mit Gas oder Öl. So sah es jahrzehntelang in den meisten deutschen Haushalten aus. Und es funktionierte. Man ging mit dem Auto auf große Reise und das eigene Heim wurde im Winter warm. Aber schon in den 1970er-Jahren des letzten Jahrhunderts zeigten sich die Nachteile einer von Importen abhängigen Energieversorgung.

Politische Konflikte haben in den 1970er-Jahren zu einer Drosselung der Ölförderung durch die Vereinigung ölexportierender Länder (OPEC) geführt.

1973 bahnte sich die erste weltweite energiepolitische Krise an, heute bekannt als Ölkrise. Der Nahost-Konflikt der damaligen Zeit mündete im Jom-Kippur-Krieg zwischen Israel auf der einen und Ägypten und Syrien auf der anderen Seite. Die von arabischer Seite dominierte Vereinigung ölexportierender Länder (OPEC) drosselte die Förderung von Erdöl, dem führenden Rohstoff zur Energiegewinnung, und verhängte ein Embargo gegen die USA und ihre Verbündeten wegen deren Israel-freundlicher Haltung in diesem Konflikt.

Neben einer Verknappung des Rohstoffs Erdöl hatte dies auch eine annähernde Verdopplung des Preises zur Folge. Kurzfristig reagierte die Bundesrepublik Deutschland mit vier autofreien Sonntagen Ende des Jahres 1973 auf diese Situation. Außerdem wurde für ein halbes Jahr das Tempo auf Autobahnen auf 100 Stundenkilometer und auf Landstraßen auf 80 Stundenkilometer beschränkt, um den sprunghaft verteuerten Treibstoff zu sparen. Das waren Maßnahmen, die zur damaligen Zeit auf breiten Konsens in der Gesellschaft stießen.

Weniger beliebt waren dagegen die Entscheidungen der Bundesregierung, langfristig auf Energieversorgung aus dem eigenen Land zu setzen. In der Folge startete der großflächige Braunkohleabbau im rheinischen Revier, dem zahlreiche historische Ortschaften zum Opfer fielen. Hinzu kam der Bau von 40 Kernreaktoren auf dem Gebiet der Bundesrepublik Deutschland. Neben den Anti-Aufrüstungs-Demonstrationen prägten die Aufmärsche insbesondere gegen den Einsatz von Atomkraft die Protestkultur der späten 1970er- und der gesamten 1980er-Jahre.

SCHÄDLICHE FOLGEN DER VERBRENNUNG FOSSILER ENERGIETRÄGER SIND LANGE BEKANNT

Seit dieser Zeit weisen auch Wissenschaftler auf die schädlichen Folgen dieser Handlungsweise für das Klima hin. Als Vorreiter sei hier der Wissenschaftsjournalist Hoimar von Ditfurth genannt, der in seiner Fernsehsendung »Querschnitte«

schon 1978 auf die Auswirkungen des Verbrennens fossiler Energieträger und der damit verbundenen Freisetzung von klimaschädlichen Treibhausgasen hinwies.

Tiefergehende Studien zu diesem Sachverhalt lagen den Mineralöl-produzierenden Konzernen damals schon vor, kamen allerdings nie an die Öffentlichkeit. 1993 schalteten mehrere deutsche Energieversorger in der *Süddeutschen Zeitung* eine Anzeige mit dem Titel: »Regenerative Energie wie Sonne, Wind und Wasser können auch langfristig nicht mehr als vier Prozent unseres Strombedarfs decken.« Wie wissentlich falsch dieses von der damaligen Umweltministerin und Physikerin Dr. Angela Merkel (CDU) übernommene Zitat ist, zeigte sich deutlicher denn je an den Weihnachtstagen des Jahres 2023: Mehrere aufeinanderfolgende Sturmtiefs sorgten dafür, dass in Deutschland mehr regenerative Windenergie erzeugt als verbraucht wurde.

An den Weihnachtstagen 2023 wurde in Deutschland mehr Windstrom erzeugt, als verbraucht wurde.

Aus der Tatsache, dass fossile Energieträger nicht unendlich verfügbar sind und ihre Entstehung viele Millionen Jahre dauert, ergibt sich die Notwendigkeit des Umstiegs auf eine Energieform, die uns dauerhaft zur Verfügung steht. Hier bietet sich nach Stand der heutigen Technik der elektrische Strom an. Die kinetische Energie von Wind und Wasser sowie die aus Licht, die die Sonne im Überfluss zur Erde schickt, reichen um ein Vielfaches aus, um alle auf der Welt verwerteten fossilen Energieträger zu ersetzen.

Das verwundert wenig. Denn Erdöl, Erdgas und Kohle sind Produkte, die vor vielen Millionen Jahren aus abgestorbenem Pflanzenmaterial entstanden sind. Zu ihren Lebzeiten betreiben grüne Pflanzen die sogenannte Photosynthese, bei der Kohlendioxid aus der Umgebung aufgenommen und mit Hilfe des Sonnenlichts und Wasser gebunden wird. Der Kohlenstoff verbleibt in den abgestorbenen Pflanzen und wird Schicht um Schicht immer weiter verdichtet. Zunächst entsteht daraus Torf, dann Braunkohle, Steinkohle und schlussendlich Öl oder Gas. »Fossil« bedeutet wörtlich »ausgegraben« und bezeichnet Zeugnisse vergangenen Lebens, die älter als 10 000 Jahre sind.

Bei der Verbrennung nutzen wir den Kohlenstoff, der sich dann wieder mit Sauerstoff aus der Luft zu klimaveränderndem CO2 verbindet. Dabei setzen wir die Energieträger, die in Jahrmillionen gespeichert wurden, in wenigen Jahren wieder frei. Wir heben das Guthaben auf unserem energetischen »Sparbuch« also auf einen Schlag ab.

Somit ist die Aufgabenstellung klar: Wollen wir das Klima nicht weiter negativ beeinflussen, müssen wir unsere Wärmeversorgung und Mobilität von den fossilen Energieträgern befreien. Dieses Ziel können wir auf unterschiedliche Weise erreichen. In diesem Zusammenhang am häufigsten genannt werden die Wärmepumpe und das batteriebetriebene Elektroauto. Mit diesen beiden Technologien werden wir uns in diesem Buch aus gutem Grund besonders intensiv beschäftigen.

SINNVOLLE ALTERNATIVEN

MOBILITÄT: WELCHE TECHNIK SETZT SICH DURCH?

Im Mobilitätsbereich fällt oft das Wort »Technologieoffenheit«. Gemeint ist damit, dass sich Forschung und – damit verbunden – die staatliche Förderung auf mehr als eine Antriebstechnik konzentrieren. Allerdings waren Stand Oktober 2023 schon 1,3 Millionen batterie-elektrische Fahrzeuge auf Deutschlands Straßen unterwegs. Weltweit war zu diesem Zeitpunkt jeder zehnte neu zugelassene PKW ein Fahrzeug mit einer großen Antriebsbatterie im Fahrzeugboden.

Das Elektroauto steht im Mittelpunkt des klimaneutralen Individualverkehrs.

Es gibt aber auch andere Methoden des klimaneutralen Individualverkehrs. Gerne wird das Wasserstofffahrzeug als überlegene Technologie ins Feld geführt. Hierbei wird aus Strom und hochreinem Wasser (H2O) mittels eines Elektrolyse-Verfahrens Wasserstoff (H2) produziert. Der übriggebliebene Sauerstoff (O2) wird freigesetzt.

Der Wasserstoff wird unter hohem Druck von 700 bar gelagert und innerhalb von wenigen Minuten in das Fahrzeug gepumpt. Auch dort braucht es Behälter, die den Wasserstoff unter hohem Druck aufnehmen.

In der Brennstoffzelle wird dem Wasserstoff dann wieder Sauerstoff zugeführt, und beides reagiert zu Wasser. Dieser Prozess generiert Strom, der in eine kleine Antriebsbatterie geladen wird. Von hier aus funktioniert das Brennstoffzellenfahrzeug wie ein batterie-elektrisches Fahrzeug. Aus dem Auspuff tropft das übriggebliebene Wasser.

Wasserstoffbetriebene PKW sind noch selten auf Deutschlands Straßen.

Höhere Reichweite und schnelleres Betanken sind die Faktoren, mit denen das Brennstoffzellenauto beworben wird. Vorteile, die in den letzten Jahren aber deutlich an Vorsprung gegenüber dem reinen Batteriefahrzeug verloren haben. Die heute auf dem Markt verfügbaren H2-Modelle können mit 5 Kilogramm Wasserstoff in fünf Minuten beladen werden. Diese Menge ermöglicht eine Reichweite von 500 Kilometern – eine Strecke, die moderne Elektroautos inzwischen auch schon zurücklegen können. Beim Wiederbefüllen mit Treibstoff hat die Brennstoffzelle weiterhin die Nase vorn, auch wenn bei mehreren aufeinanderfolgenden Tankvorgängen zwischenzeitlich der Druck wieder aufgebaut werden muss. Beim Nachladen eines Elektroautos auf Langstrecke von 10 auf 80 Prozent der maximalen Batteriekapazität müssen aktuell – auch an den schnellsten Ladestationen – noch Zeiten von mindestens 20 Minuten eingeplant werden.

Das große Problem beim Brennstoffzellenfahrzeug ist aber weiterhin die Herstellung von klimaneutralem Treibstoff, also grünem Wasserstoff. Verluste von bis zu 50 Prozent erfordern eine hohe Menge an Grünstrom bei der Herstellung. Und auch das Rückwandlungsverfahren in Strom in der Brennstoffzelle ist verlustbehaftet. Daher benötigt ein auf solche Art betriebenes Auto sechsmal mehr Strom im Vergleich zum Batteriefahrzeug. Und hier wird der wirtschaftliche Nachteil der großen Batterie wieder aufgewogen. Dazu kommt die aufwendige Technik für die Lagerung und Rückverstromung des Wasserstoffs im Fahrzeug.

So ist es wenig verwunderlich, dass von diesem Fahrzeugtyp gerade mal ein Promille der Anzahl der batterie-elektrischen Fahrzeuge auf deutschen Straßen unterwegs ist. Zudem gibt es auch nur einen Bruchteil an H2-Tankstellen im Vergleich zu Schnell-Ladesäulen für E-Autos.

Ähnlich sieht die Situation bei E-Fuels aus, den Kraftstoffen, die in der Zusammensetzung Benzin und Diesel sehr ähnlich sind und in herkömmlichen Verbrennungsmotoren verwendet werden können. Auch hier ist die Herstellung sehr energieintensiv. Aus Wasserstoff und Kohlenstoffdioxid wird ein Kohlenwasserstoff synthetisiert. Ersterer sollte dabei wie oben beschrieben aus klimaneutralem Strom erzeugt und Zweiterer per Carbon Capture-Verfahren (»Kohlenstoff-Einsammel-Verfahren«) aus der Atmosphäre entnommen werden. So entsteht ein klimaneutraler Kreislauf, wenn der Kohlenstoff bei der Verbrennung wieder freigegeben wird.

Das Problem bei beiden Antriebstechniken ist, dass sie zunächst in Bereichen zum Einsatz kommen werden, in denen Batterien als alleinige Energiespeicher nicht funktionieren, wie zum Beispiel im Flug- und Schiffsverkehr. Erst wenn diese Bereiche abgedeckt sind, ist an einen Masseneinsatz im Straßenverkehr zu denken. Ob sich eine solche Technologie dann noch auf dem Markt durchsetzen wird, ist und bleibt fraglich, zumal in der Europäischen Union ab 2035 keine neuen Fahrzeuge mit Motoren zur Verbrennung fossiler Energieträger mehr verkauft werden dürfen.

WÄRME: WIE HEIZEN WIR ZUKÜNFTIG?

Die traditionelle Form des Heizens ist das Verbrennen von Holz. Die sogenannten Biomasseheizungen, zu denen Pelletheizungen, Hackschnitzelheizungen und alle Formen von Kaminöfen gehören, nutzen einen relativ schnell heranwachsenden, Kohlenstoff-bindenden Energieträger. Dabei kommt es zu einem konstanten CO2-Kreislauf. Der Kohlenstoff, der von den Pflanzen beim Wachstum aufgenommen wurde, wird bei der Verbrennung wieder freigesetzt und kann dann von der nächsten Generation Pflanzen wieder aufgenommen werden. An der Gesamtmenge des freigesetzten CO2 ändert sich bei dieser Weise des Heizens also nichts.

Zwei Probleme schränken diese Art der Wärmegewinnung aber auf einen überschaubaren Kreis von Anwendungsfällen ein: die Geschwindigkeit, mit der der Rohstoff nachwächst, und der Flächenbedarf. Eine ausgewachsene Buche zum Beispiel deckt mit 25 000 Kilowattstunden Energiegehalt den durchschnittlichen jährlichen Heizbedarf eines Einfamilienhauses, braucht aber bis zu 120 Jahre, um eine entsprechende Größe zu erreichen.

Es gibt auch Pflanzenarten, die schneller nachwachsen, aber die Buche ist mit einem Anteil von 16 Prozent am Gesamtbaumbestand die am häufigsten vorkommende Laubbaumart in Deutschland. In Konkurrenz als Energieträger für Wärmegewinnung steht der Baum in seiner Funktion als Lieferant von Baumaterial. Denn so wird der im Holz gebundene Kohlenstoff längerfristig aus der Atmosphäre entzogen. Weitaus häufiger – und jetzt auch schon angewendet – wird das Prinzip der Fernwärme für die Gebäudebeheizung zum Einsatz kommen. Meistens handelt es sich dabei um ein Nebenprodukt der Stromerzeugung bei der Verbrennung fossiler Energieträger oder um die Abwärme von industriellen Prozessen. Man könnte also sagen, dass Fernwärme überhaupt nicht klimaneutral ist.

Da wir aber den Strom benötigen und dieser auf absehbare Zeit auch noch aus Kohle und Gas produziert wird, ändert sich durch die Nutzung dieser Wärme nichts am CO2-Ausstoß. Positiv wird die Bilanz, wenn zur Herstellung von Wasserstoff erneuerbare Energie genutzt wird. Dann verbessert die genutzte Abwärme dieses Verbrennungsvorgangs gleichzeitig die Wirtschaftlichkeit des Wasserstoffs, der wegen seines aufwendigen Herstellungsverfahrens auch als der »Champagner der Energiewende« bezeichnet wird und nur dann zum Einsatz kommen sollte, wenn keine andere Technologie sinnvoll einsetzbar ist.

Der Vorteil und Grund, warum ein starker Fokus auf die Nutzung von Fernwärme insbesondere im urbanen Bereich gelegt wird, ist zum einen der problemlose Einsatz bei schwierigen Gebäuden wie im Bereich des Denkmalschutzes und bei Platzmangel. Zum anderen wird die Umstellung auf klimaneutrale Energieträger bei einer zentralen Wärmeversorgung auf Quartiersebene wesentlich einfacher, als wenn jedes Gebäude einzeln umgestellt werden muss. Fernwärme kann zudem mit größeren solarthermischen Anlagen sinnvoll unterstützt werden.

Ähnlich wie der Stromnetzbetreiber übernimmt der Anbieter von Fernwärme auf diese Weise eine Monopolstellung. Denn der Konsument hat nicht mehr die freie Wahl des Anbieters und ist somit von der Preisbildung des Anbieters abhängig. Auch diesem Problem will sich die Regierung annehmen, indem sie regulatorische Grenzen für den Preis von Fernwärme setzen will.

Als strombasierte Alternativen zur Wärmepumpe werden inzwischen vermehrt auch Strahlungsheizungen eingesetzt – hier vor allem die Infrarotheizung. Das Prinzip ist nicht das Erwärmen der Umgebungsluft, sondern der darin befindlichen Gegenstände und Körper. Da bei diesem Heizungsprinzip der elektrische Strom im Verhältnis eins zu eins in Wärme umgewandelt wird, beschränkt sich der Einsatz aus wirtschaftlichen Gründen überwiegend auf Neubauten, die sich noch in der Planung befinden, oder auf einzelne Räume, die nur temporär beheizt werden.

Infrarotheizungen sind günstig in der Anschaffung.

Der große Vorteil der Infrarotheizung ist der kostengünstige Einbau. Im gut gedämmten Neubau kann dadurch sogar die Installation eines wassergeführten Heizsystems gespart werden. Bei der Anschaffung und Installation werden dadurch einige zehntausend Euro weniger benötigt. Denn die Infrarotheizung, die raumweise aus einzelnen Panels verschiedener Größe und Leistung besteht, ist deutlich günstiger als eine zentrale Wärmepumpe. Die Betriebskosten der Strahlungsheizung sind zwar höher als die einer Wärmepumpe, aber je geringer der Wärmebedarf des Gebäudes ist, desto mehr lohnen sich die niedrigeren Anschaffungskosten gegenüber den höheren Betriebskosten.

ALLES AUF STROM: DAS PRINZIP DER SEKTORENKOPPLUNG

WIE HOCH IST DER ANTEIL DER ERNEUERBAREN ENERGIEN IM AKTUELLEN STROMMIX?

Ergibt es Sinn, von Gas und Öl auf Strom umzustellen, wenn doch ein Großteil des benötigten Stroms nach wie vor durch das Verbrennen von fossilen Energieträgern hergestellt wird? Oder ist der Anteil der erneuerbaren Energien im Netz mittlerweile so groß, dass der Wechsel auf Strom für alle sinnvoll ist? Hier empfiehlt sich ein Blick auf die öffentliche Nettostromerzeugung (Differenz zwischen Bruttostromerzeugung und Eigenverbrauch der Kraftwerke) des Jahres 2023.

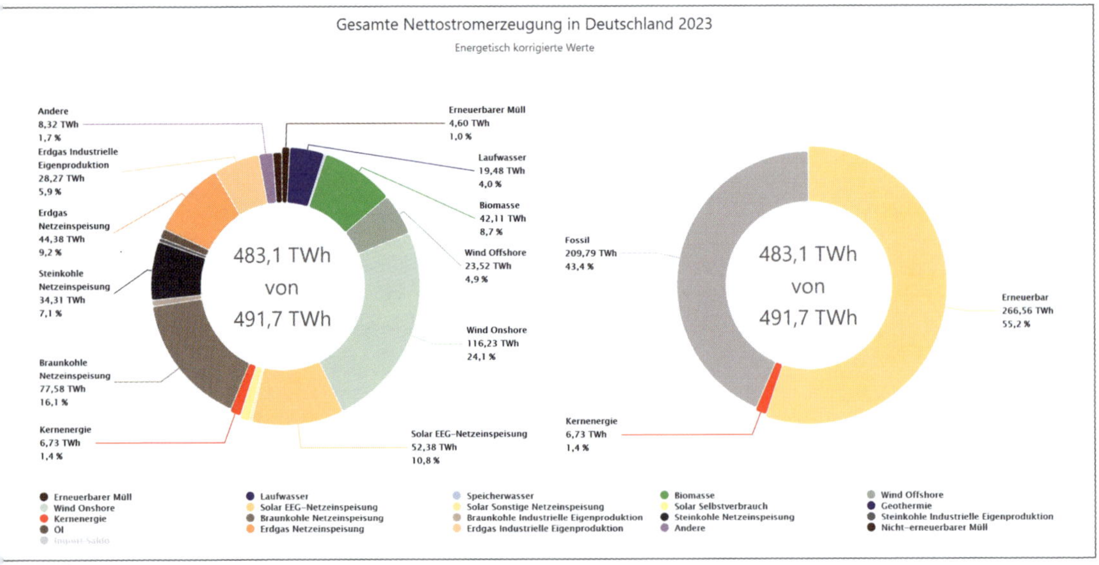

Der deutsche Strommix 2023 www.energy-charts.info, Quelle: Fraunhofer ISE.

Der deutsche Strommix setzte sich wie folgt zusammen:

ENERGIETRÄGER	PROZENTUALER ANTEIL	MENGE STROM IN KWH
Wind onshore (an Land)	24,0 %	116,3 Mrd.
Braunkohle	16,0 %	77,6 Mrd.
Erdgas	15,1 %	72,6 Mrd.
Photovoltaik	10,8 %	52,4 Mrd.
Biomasse	8,8 %	42,4 Mrd.
Sonstige	7,8 %	38,0 Mrd.
Steinkohle	7,2 %	34,9 Mrd.
Wind offshore	4,9 %	23,5 Mrd.
Laufwasser	4,0 %	19,5 Mrd.
Kernenergie	1,4 %	6,7 Mrd.
GESAMT	100 %	483,9 MRD.

Der Anteil des aus erneuerbaren Energien erzeugten Stroms lag 2023 bei 55 Prozent (2022: 48,4 Prozent) oder 267 Milliarden Kilowattstunden. Der Strommix 2022 verursachte einen durchschnittlichen CO2-Ausstoß von 432 Gramm pro Kilowattstunde – immer noch mehr als das Doppelte der reinen Verbrennung einer Kilowattstunde Gas. Wieso also dann von Gas auf Strom wechseln?

DURCH DIE UMSTELLUNG STEIGT DER STROMBEDARF WEITER AN

Mit jeder Wärmepumpe, die eine fossile Heizung ablöst, und mit jedem Elektroauto, das einen Verbrenner ersetzt, steigt der Strombedarf in Deutschland weiter an. Oft wird dieser Mehrbedarf mit dem Verbrauch von Wärmepumpe und E-Auto gleichgesetzt. Das ist aber ein entscheidender Rechenfehler bei der Ermittlung der zukünftig benötigten Strommenge. Denn auch fossile Verbraucher sind auf Strom angewiesen: Eine Gastherme aus dem Jahr 2000 verbraucht durch die alten Heizungspumpen und die Steuerungstechnik mehrere Hundert Kilowattstunden Strom im Jahr. Auch das Benzin kommt nicht ohne Strom in den Tank. Für Förderung, Transport, Raffinierung und Lagerung werden große Mengen an elektrischer Energie verbraucht.

Schon 2030 sollen 80 Prozent des in Deutschland verbrauchten Stroms aus regenerativen Energiequellen stammen. 2045 will Deutschland klimaneutral sein. Das bedeutet, dass jegliche in diesem Land bereitgestellte und umgewandelte Energie aus Windkraft, Sonnenlicht und -wärme, aus Geothermie, Biomasse und Gravitationskraftwerken kommen soll.

Vor diesem Hintergrund ist es sinnvoll und auch notwendig, schon jetzt mit dem Umstieg auf strombetriebene Heizungen und Autos zu beginnen. Zudem sind beide Technologien dem ungünstigen deutschen Strommix zum Trotz auf Grund ihrer hohen Effizienz deutlich klimafreundlicher als ihre fossilen Pendants. Die Stromerzeugung wird durch den Zubau von Windkraft und Photovoltaik von Jahr zu Jahr CO2-ärmer. Damit steigt auch die Klimaverträglichkeit der strombetriebenen Verbraucher permanent. Wir können nicht erst den Strom komplett ohne fossile Energieträger erzeugen und dann die Verbraucher auf einen Schlag umstellen. Schon heute haben wir gerade in der Heizungsbranche einen deutlichen Fachkräftemangel.

Nun könnte man denken, dass wir schon fast die Hälfte des Weges geschafft haben. Denn 55 Prozent des Strombedarfs wurden im Jahr 2023 schon regenerativ erzeugt. Allerdings macht der elektrische Anteil des Gesamtenergiebedarfs dieses Landes nur ein Sechstel aus. Denn geheizt, gefahren und geflogen wird hauptsächlich noch mit Erdgas und Erdöl. Dazu kommen die wärmeintensiven Prozesse in der Industrie, die größtenteils mit Kohle und nicht-regenerativ hergestelltem Wasserstoff ablaufen. Alles zusammengerechnet sprechen wir im dicht besiedelten Industrieland Deutschland von 3200 Terawattstunden Energie. Strom macht dabei rund 550 Terawattstunden aus.

WIR STEHEN ALSO ERST BEI 3 PROZENT REGENERATIVER ENERGIE?

Das klingt nach einem scheinbar unendlich langen Weg, der in 20 Jahren abgeschlossen sein soll. Allerdings wird sich der Energiebedarf durch die Umstellung von fossilen Energieträgern auf Strom deutlich reduzieren. Eine Wärmepumpe zum Beispiel benötigt im Vergleich zu einer Gastherme nur ein Drittel der Energie aus dem öffentlichen Versorgungsnetz. Und ein Elektroauto kommt mit 20 Kilowattstunden rund 100 Kilometer weit. Dafür benötigt ein Fahrzeug mit Verbrennungsmotor 6 Liter Treibstoff. Der Energiegehalt eines Liters Benzin oder Diesel beträgt 10 Kilowattstunden – das macht insgesamt 60 Kilowattstunden.

Durch die Umstellung von fossiler Verbrennung auf effiziente Stromnutzung gehen die Erwartungen von einem Absinken des Primärenergiebedarfs von 3200 Terawattstunden auf 1200 bis 1500 Terawattstunden aus. Somit liegen wir mit den Erneuerbaren schon bei 20 Prozent.

Das Beispiel unseres eigenen Haushalts zeigt diese Reduzierung deutlich: Wir haben vor unserer persönlichen Energiewende mit Verbrenner und Gasheizung rund 35 000 Kilowattstunden Energie verbraucht. Mit der Umstellung auf Wärmepumpe und E-Auto hat sich unser Bedarf auf 10 000 Kilowattstunden verringert. Gerade wegen ihrer Effizienz richten wir das Hauptaugenmerk für die private Energiewende in diesem Buch auf die Wärmepumpe und das Elektroauto. Rechnet man diesen Effizienzgewinn mit ein, erzeugen wir heute in Deutschland mit den erneuerbaren Energien schon ein Fünftel des Stroms, der für das zukünftige Szenario benötigt wird.

Dies sehen auch die Ausbaupläne der Bundesregierung vor. Neben den schon vorhandenen versiegelten Flächen durch Gebäude oder Parkplätze sollen auch entsprechend ausgewiesene Flächen in der Größenordnung von 2 Prozent der Landesfläche für Freiflächen-Photovoltaikanlagen und Windkraftanlagen bereitgestellt werden.

Technisch ist das alles schon jetzt machbar. Herausforderungen sind aber die Umsetzung und die dafür benötigten Fachkräfte und die ebenso wichtige Akzeptanz in der Bevölkerung für den Ausbau von Windkraftanlagen und Stromnetzen.

Technisch ist die Umsetzung der Energiewende im Privathaushalt problemlos machbar.

ALLES AUF STROM AUS KLIMASCHUTZGRÜNDEN?

Sollte man also nun aus Klimaschutzgründen den sofortigen Umstieg auf strombetriebene Verbraucher anstreben? Egal, ob nun sofort oder erst in ein paar Jahren: Wichtig ist ein Plan dahinter. Perfekt funktionieren wird die Sektorenkopplung erst, wenn alle Komponenten gut aufeinander abgestimmt sind und sich so ideal ergänzen. Oft ist es aber auch sinnvoll und sogar nachhaltig (weil ressourcenschonend), wenn die noch intakte Gastherme oder das junge gebrauchte Auto mit Verbrennungsmotor zunächst weiter betrieben werden.

Zeitlich können die drei Komponenten Wärmepumpe, Elektroauto und Photovoltaik getrennt voneinander betrachtet und angeschafft werden. In einem Fall ist es sogar sinnvoller, zunächst die Wärmepumpe zu erwerben und danach die Photovoltaikanlage. Wir gehen im Kapitel »Förderung« genauer darauf ein.

Wer mit dem Gedanken spielt, sich eine neue Heizung oder ein neues Auto anzuschaffen, sollte auf keinen Fall mehr auf Systeme setzen, deren Prinzip die Verbrennung fossiler Energieträger ist. Hierfür gibt es zahlreiche ökologische und ökonomische Gründe. Erdöl, die chemische Grundlage von Heizöl, Benzin und Dieselkraftstoff, wird genauso wie Erdgas in den kommenden Jahren gesetzlich geregelt teurer. Und das ist auch gut und gerecht, denn die Verbrennung von Kohlenstoff (C) bindet Sauerstoff (O2) und setzt dadurch Kohlenstoffdioxid (CO2) frei. Dieses sorgt durch seinen jahrzehntelangen Verbleib in der Atmosphäre unseres Planeten für die stetige Verstärkung des Treibhauseffekts.

Das Umweltbundesamt (UBA) hat für das Jahr 2022 für jede freigesetzte Tonne CO2 Folgekosten von 237 Euro ermittelt. Die 2020 von der damaligen CDU/SPD-geführten Bundesregierung beschlossene, jährlich steigende CO2-Bepreisung soll sich bis 2026 sozialverträglich an diesen Wert annähern. Allerdings wird mit 65 Euro gerade ein Viertel des vom UBA ermittelten Werts erreicht werden. Allein diese Anhebung führt aber zu folgenden Kostensteigerungen für fossile Energieträger:

ENERGIETRÄGER	CO2-AUFPREIS IM JAHR 2026
Benzin pro Liter	**18,6 ct**
Diesel pro Liter	**20,8 ct**
Heizöl pro Liter	**20,7 ct**
Erdgas pro kWh	**1,7 ct**

Gerade beim Erdgas erscheint der Preisanstieg durch die CO2-Bepreisung sehr gering. Dennoch wirkt er sich bei den jährlichen Kosten durch die hohe Verbrauchsmenge spürbar aus. Ein Durchschnittshaushalt mit 20 000 Kilowattstunden Erdgasverbrauch für Heizung und warmes Wasser zahlt dann im Jahr 2026 einen Aufpreis von 340 Euro.

Ab 2027 geht die nationale CO2-Bepreisung in den europäischen Zertifikatehandel (ETF 2) über. Dann wird der Markt den Preis bestimmen – vor dem Hintergrund eines knapper werdenden Angebots an Zertifikaten. Experten schließen einen Anstieg des CO2-Preises auf über 300 Euro pro Tonne nicht aus. Und dann sprechen wir bei dem angesprochenen Durchschnittshaushalt von einer Preissteigerung von 1 560 Euro, einer Verdopplung der Heizkosten, die vor dem seit 2022 bestehenden Russland-Ukraine-Konflikt noch zu zahlen waren. Daher sieht das überarbeitete Gebäudeenergiegesetz (GEG) eine verpflichtende Beratung durch einen Energieexperten für diejenigen vor, die sich in Zukunft noch einmal eine fossile Heizung einbauen lassen wollen.

Wir beschreiben in diesem Buch unter anderem den Weg unseres Haushalts von konventioneller Verbrennungstechnik hin zu regenerativ mit Strom versorgten Verbrauchern. Wir zeigen zudem, wie die benötigte Energie zu großen Teilen selbst erzeugt werden kann und wie wir, ebenso wie andere, uns damit zu einem hohen Grad unabhängig von Fremdversorgern und importierten Energieträgern machen.

STROM SELBST ERZEUGEN

PHOTOVOLTAIK

Das Ziel der Energiewende ist es, möglichst viele, um nicht zu sagen, alle, fossilen Verbraucher auf Strom oder andere natürliche Quellen umzustellen. Denn wenn wir schon das Energiekonzept komplett erneuern, dann sollten wir das nicht wieder nur für die nächsten 50 Jahre tun, sondern auf eine dauerhafte Anwendung hin agieren.

Dafür eignen sich nur Energien aus unerschöpflichen Quellen, wie beispielsweise der Sonne. Der 149,6 Millionen Kilometer von der Erde entfernte Feuerball spendet Energie in Form von Licht, Wärme und Wind. Die Erde wiederum liefert uns Biomasse, Geothermie und Wasser. Letzteres wird unter anderem für Pumpspeicherkraftwerke verwendet. In Zeiten eines Überschusses wird Wasser mit Hilfe elektrisch betriebener Pumpen in die Höhe (zum Beispiel in einen Stausee) verlagert – wird Energie benötigt, fließt das Wasser wieder abwärts und treibt dadurch Turbinen zur Stromerzeugung an. Gezeitenkraftwerke machen sich zudem das Zusammenspiel der Anziehungskräfte zwischen Erde und Mond zunutze. Dieser bunte Mix an Energiequellen ist wichtig, um nicht zu sehr von einer einzigen abhängig zu sein. Während einige Quellen dauerhaft zur Verfügung stehen und andere bei Bedarf Strom liefern können, ist es auf der Erde weder permanent sonnig noch windig. So kam es zum Beispiel in Albanien im Jahr 2005 während einer Dürreperiode zu einem Energieengpass, da im Land mehr als 90 Prozent der benötigten Elektrizität mit Wasserkraft produziert werden. Die Folge: Regnet es längere Zeit wenig oder überhaupt nicht, muss Energie importiert werden.

Stellen wir nun alle unsere Verbraucher auf Strom um, ist es sinnvoll, die benötigte Energiemenge – oder zumindest einen Teil davon – selbst zu produzieren.

Das macht unabhängiger von Preisschwankungen und spart bares Geld. Die heutige Technik macht es möglich, dass sich inzwischen jeder Mensch mit Strom selbst versorgen kann. Aber auch hier gilt: Auf die individuelle Situation kommt es an.

Wer viel Platz hat, kann ein kleines Windrad aufbauen.

Wer über genügend Platz verfügt, kann die Montage eines kleinen Windrads erwägen. Allerdings muss hier schon eine Höhe von deutlich über 10 Metern auf einem freien Feld erreicht werden, um nennenswerte Erträge ernten zu können. Grund: Die Windgeschwindigkeiten nehmen mit steigender Höhe zu und die Verwirbelungen durch Störobjekte ab – zwei wichtige Faktoren für einen ertragreichen Einsatz der Windkraft. Auf den meisten Grundstücken dürfte das aber an den notwendigen Gegebenheiten scheitern. Wer sich für eine Kleinwindkraftanlage interessiert, sollte zu entsprechender Fachliteratur greifen. Wir werden diese Technologie hier nicht weiter betrachten, weil es im Privatbereich für die meisten Menschen nicht relevant ist. Bleibt also nur eine sinnvolle Art der Eigenenergie-Erzeugung: Die schon versiegelten Flächen wie Hausdach, Carport, Garage, Balkon, Gartenhütte oder Terrassenüberdachung für die Stromproduktion zu nutzen. Und hier bietet sich eine seit mehreren Jahrzehnten bewährte Technik an – die Photovoltaik (PV).

Wir gehen in diesem Buch auf die verschiedenen Möglichkeiten des Einsatzes dieser Technik im Zusammenspiel mit Wärmepumpe und E-Auto ein. Wer detaillierte Informationen zur Planung der eigenen Photovoltaikanlage sucht, dem empfehlen wir an dieser Stelle unser Buch *Photovoltaik für Einsteiger*, in dem wir Photovoltaik-Neulinge Schritt für Schritt hin zur maßgeschneiderten Photovoltaikanlage führen.

Spiegel-Bestseller: Photovoltaik für Einsteiger.

ERZEUGTEN STROM EINSPEISEN ODER SELBST VERBRAUCHEN?

Der Photovoltaikinteressent kann zwischen verschiedenen Betriebsmodellen wählen – einer Anlage mit kompletter Einspeisung ins öffentliche Netz oder einer Eigenverbrauchsanlage.

Der *Volleinspeiser* schickt seinen gesamten, selbst erzeugten Strom ins öffentliche Netz. Das lohnt sich meistens erst ab einer gewissen Anlagengröße, da dann die spezifischen Installationskosten sinken. Volleinspeise-Anlagen waren in den 1990er- und 2000er-Jahren der Normalfall. Wer seine Anlage im Jahr 2004 in

Betrieb nahm, durfte sich über eine Einspeisevergütung von bis zu 57 Cent pro Kilowattstunde freuen. Nicht vergessen werden sollte hierbei aber auch die Tatsache, dass für eine PV-Anlage auf dem Dach zu dieser Zeit viel Geld in die Hand genommen werden musste. Auch gab es wenig Studien oder Erfahrungsberichte zur Lebensdauer der Solarmodule und der dazugehörigen Komponenten wie dem Wechselrichter, so dass das finanzielle Risiko nicht unerheblich war.

Wer eine Photovoltaikanlage auf dem Dach hat, produziert seinen eigenen Strom.

Das Gegenstück zur Volleinspeise-Anlage ist die Photovoltaik-Eigenverbrauchsanlage. Es gibt drei Modelle:

Überschuss-Einspeiseanlage: Hier wird der Strom zunächst nach Bedarf selbst verbraucht und der Überschuss fließt ins öffentliche Netz. Bei diesem Modell liegt die Einspeisevergütung allerdings nur bei bis zu 8,1 Cent (Stand: Februar

2024). Dies resultiert daraus, dass der größere Bestandteil der Amortisation aus dem Eigenverbrauch generiert wird. Die Einspeisevergütung trägt also nur die Gestehungskosten des eingespeisten Stroms. Der selbst verbrauchte Anteil am produzierten Strom sorgt für den Gewinn. Je höher der Eigenverbrauch, desto höher die Rendite der Photovoltaikanlage.

Nulleinspeise-Anlage: Bei dieser PV-Art wird der Wechselrichter so eingestellt, dass er nur Strom für den Eigenverbrauch von den PV-Modulen abnimmt. Alles, was über den eigenen Bedarf hinaus geht, wird abgeregelt. Dieses Szenario ist für Situationen vorgesehen, in denen das Netz für die zusätzliche Belastung der Stromeinspeisung nicht ausgelegt ist.

Es gibt auch Betreiber, die dieses Modell wählen, weil sie sich davon versprechen, nichts mit der Anmeldung beim Netzbetreiber zu tun zu haben. Das ist aber eine falsche Annahme, da diese Anlagen mittelbar oder unmittelbar mit dem öffentlichen Stromnetz verbunden sind und daher bürokratisch genauso zu behandeln sind, wie Überschuss-Einspeiseanlagen. Zudem entgeht dem Betreiber die Einspeisevergütung und dem lokalen Stromnetz der sauber produzierte Strom.

Insel-Anlage: Bei einer Insel-Anlage wird der Strom aus den PV-Modulen in einen gesonderten Stromkreis geladen, der nicht mit dem öffentlichen Netz verbunden ist. Diese Art Anlage kommt bevorzugt in Regionen zum Einsatz, in denen kein öffentliches Stromnetz zur Verfügung steht.

MEHR EIGENVERBRAUCH – MEHR ERSPARNIS

Wer vom Auto mit Verbrennungsmotor auf ein rein elektrisch betriebenes Fahrzeug wechselt und die Gas- oder Ölheizung durch eine Wärmepumpe ersetzt, erhöht den Eigenverbrauch des selbst erzeugten Photovoltaikstroms erheblich.

Ist genug PV-Ertrag vorhanden, kann das Elektroauto mit Strom vom Dach an der heimischen Lademöglichkeit (Wallbox) beladen werden. In vielen Fällen ist das von März bis Oktober, also in zwei Dritteln des Gesamtjahres, der Fall. Bei unserer Fahrleistung von 12 000 Kilometern jährlich und einem Durchschnittsverbrauch (inklusive Ladeverluste) von 20 Kilowattstunden auf 100 Kilometern werden insgesamt 2 400 Kilowattstunden benötigt – 1 800 davon kamen 2023 von unserem Dach.

Ist genug PV-Ertrag vorhanden, kann das Elektroauto mit Strom vom Dach an der heimischen Lademöglichkeit beladen werden.

Bei der Wärmepumpe sieht das Verhältnis von benötigter und selbst erzeugter elektrischer Energie allerdings etwas anders aus. Im Laufe eines Jahres wird die meiste Heizenergie dann benötigt, wenn die Photovoltaikanlage am wenigsten liefert. Daher schlagen wir den 4 860 Kilowattstunden Verbrauch unserer Heizung nur einen Eigenverbrauch von 1 250 Kilowattstunden zu.

Wenn wir kostenneutral vom Verbrennungsmotor auf batteriebetriebene Elektromobilität und von Gas- oder Ölheizung auf Wärmepumpe umsteigen wollen, müsste also die Ersparnis durch aus dem Netz bezogenen und selbst erzeugten Strom die Mehrkosten der Anschaffung der neuen elektrischen Verbraucher decken. Das ist auf den ersten Blick nicht der Fall.

Doch die Rechnung muss um einige Faktoren erweitert werden: Steigende Kosten für fossile Energieträger und damit verbunden auch die Erhöhung der CO2-Abgabe müssen ebenso bedacht werden wie, auf der anderen Seite, die hohe Effizienz der elektrischen Verbraucher. Im Kapitel »Wirtschaftlichkeit« betrachten wir diese Zahlen genauer. In unserem Fall wird es dennoch lange dauern, bis sich die Gesamtinvestition in PV-Anlage, Wärmepumpe und Elektroauto amortisiert hat. Was sind die Gründe für unser schlechtes Abschneiden?

Hauptgrund sind die mageren Erträge aus unserer Photovoltaikanlage durch die Schatten und die flache Ausrichtung am Standort nördlich von Hamburg. Hinzu kommt, dass wir nahezu jede freie Stelle auf unserem Dach mit Modulen belegt haben – auch wenn klar war, dass hier nicht allzu viel Ertrag zu holen sein würde.

Eine unverschattete Anlage in Bayern oder Baden-Württemberg mit Südausrichtung kann bis zu 1 200 Kilowattstunden pro Kilowatt-Peak (= spezifischer Ertrag) jährlich erzeugen. Aber auch bei uns im nördlichsten Bundesland sind 1 000 Kilowattstunden pro Kilowatt-Peak nicht ausgeschlossen. An den Küsten von Nord- und Ostsee sowie auf den dazugehörigen Inseln auch darüber hinaus. Hier wird die PV-Bilanz sicher wesentlich besser als bei uns zuhause aussehen. Zum Vergleich: Wir kommen mit unserer PV-Anlage auf einen spezifischen Ertrag von traurigen 620 Kilowattstunden pro Kilowatt-Peak.

Je günstiger der Strombezugspreis ist, desto geringer ist auch das Einsparpotenzial durch den Eigenverbrauch von Photovoltaikstrom. Somit lässt sich die genaue Rendite einer PV-Anlage auch schwer über den kompletten Förderzeitraum von 20 Jahren abschätzen, schon gar nicht genau berechnen. Die Entwicklung des Strompreises hängt von vielen äußeren Faktoren ab, die nicht immer vorhersehbar sind.

Klar ist aber, je höher der Anteil der Abdeckung mit selbst produzierter Energie ist, desto geringer wirken sich steigende Strompreise auf die eigenen Energiekosten aus. Da im Winter mehr Energie verbraucht wird als im Sommer, empfiehlt es sich aber, die zur Verfügung stehenden Dachflächen möglichst effizient zu nutzen. Der gute Mix zwischen hohem Eigenverbrauch und sinnvoller Überdimensionierung sollte vom erfahrenen Installateur gefunden werden.

WIRTSCHAFTLICHKEIT, KLIMASCHUTZ ODER UNABHÄNGIGKEIT – WAS IST UNS AM WICHTIGSTEN?

Obwohl es für uns eine finanzielle Herausforderung war, haben wir die komplette Sektorenkopplung und den damit verbundenen Umstieg auf Strom vollzogen. Die Installation der Photovoltaikanlage, die Anschaffung des Elektroautos und der Umstieg auf die Wärmepumpe waren uns eine Herzensangelegenheit. Selbstverständlich wurden die Themen Finanzierung und Wirtschaftlichkeit auch bei uns ausgiebig diskutiert. Mehrmals stellten auch wir uns die Frage: »Können wir uns das eigentlich leisten?«.

Der Blick auf die politische Weltlage, die zahlreichen Krisenherde, die rasant steigenden Strom- und Gaspreise, aber vor allem der immer schneller fortschreitende Klimawandel mit all seinen Begleiterscheinungen, haben uns dazu gebracht, die vorherige Frage umzuformulieren in: »Wie wichtig ist der Umstieg für uns?« und: »*Wollen* wir uns das leisten?«

Was aber tun, wenn das Geld für eine große PV nicht vorhanden ist, wenn die Unsicherheit groß ist und wenn der Mut zu großen Veränderungen noch fehlt?

BALKONKRAFTWERKE

Wenn wir in unserer Nachbarschaft spazieren gehen, schweift unser Blick oft über die Dächer der anderen Einfamilienhäuser. Leider sehen wir immer noch sehr viele leere Dächer, so dass wir nicht selten etwas sagen wie: »Hier könnte man doch so viele Module unterbringen.« Oder: »Dieses Dach hat eine perfekte Ausrichtung. Schade, dass es nicht belegt ist.« Warum sind noch nicht mehr Eigenheimbesitzer dazu übergegangen, ihre Energie in großen Teilen selbst zu erzeugen?

In zahlreichen Gesprächen erfuhren wir verschiedene Gründe. Einer hat Angst, dass sein Dach durch die Belegung undicht wird. Andere fürchten die hohe Investition, die getätigt werden muss. Und wiederum andere haben Zweifel daran, ob die Technik wirklich so ergiebig und langlebig ist, wie oft behauptet wird. Vielfach sind es aber auch nur vollkommen falsche Annahmen oder Grunderwartungen. Es fallen Sätze wie: »Strom wird doch nur produziert, wenn die Sonne scheint«, oder: »Im Winter, wenn der meiste Strom verbraucht wird, kommt gar nichts vom Dach.«

Balkonkraftwerke sind relativ kompakt, günstig und einfach zu installieren.

Seit einigen Jahren hat sich nun aber eine weitere Möglichkeit der PV-Nutzung am Markt etabliert, um auch diese zweifelnde Zielgruppe abzuholen: Gemeint ist die Steckersolaranlage, im Volksmund auch Balkonkraftwerk genannt. Die Vorteile: Die Technik ist günstig, relativ kompakt und darf ohne das Hinzuziehen eines Fachhandwerkers installiert und angeschlossen werden. Große Vorkenntnisse sind nicht erforderlich.

Bei einem Balkonkraftwerk handelt es sich meistens nur um ein oder zwei Photovoltaikmodule. Ein Modul hat die Maße 1,70 x 1,10 Meter und wiegt rund 20 Kilogramm. Ursprünglich waren die Steckersolaranlagen hauptsächlich für den Mieterbereich gedacht und zur Befestigung am Balkongeländer oder der Hauswand vorgesehen.

Die in der Regel 400 bis 450 Watt starken Module hängen an einem kleinen Wechselrichter, der in Deutschland den VDE-Normierungen nach nur maximal 600 Watt Leistung ins Stromnetz bringen darf. Im Rahmen der Gesetze zum beschleunigten Ausbau der erneuerbaren Energien der Ampelregierung sollen zukünftig aber auch Geräte mit bis zu 800 Watt erlaubt sein.

NEUE REGELUNG: ANSCHLUSS JETZT AUCH MIT HAUSHALTSSTECKDOSE?

Der Wechselrichter wandelt den von den Modulen produzierten Gleichstrom in Wechselstrom um. Lange zog sich ein Streit unter Experten hin, ob die Wechselrichter (auch Inverter genannt) den Strom mittels eines herkömmlichen Haushaltssteckers ins heimische Stromnetz bringen dürfen oder ob eine spezielle Einspeisesteckdose installiert werden muss. Hierfür ist die Beauftragung eines Elektrikers notwendig. Volle Terminbücher und personelle Engpässe in vielen Fachbetrieben führen allerdings oft dazu, dass ein solch kleiner Auftrag gar nicht angenommen oder nur sehr teuer angeboten wird.

Wie wird das BKW ohne die Mithilfe eines Elektrikers angeschlossen? Ganz einfach: Gemäß den Plänen der Regierung kann das Modul an einem Balkongeländer, an einer Hauswand, an der Fassade oder auf dem Dach festgeschraubt werden. Der Stecker am Wechselrichter wird in die Außensteckdose gesteckt, die Stromproduktion kann sofort beginnen. Ferner sollen durch den endgültigen Beschluss des sogenannten »Solarpaket I« weitere bürokratische Hürden abgebaut werden.

Viele Betreiber eines BKW waren oder sind nach wie vor durch die oft aufwendigen und komplizierten Verordnungen abgeschreckt und verzichten auf eine Anmeldung ihrer Kleinst-PV. Die Menge der »illegal« betriebenen Steckersolaranlagen ist nicht unerheblich: Laut BMWK sind in Deutschland mehr als 250 000 BKW mit einer Gesamtleistung von schätzungsweise 100 Megawatt installiert. Davon sind nur rund 120 000 angemeldet – die Hälfte der Anlagen wird also ohne eine Registrierung angeschlossen.

In Zukunft erfolgt die Anmeldung nur noch an einer Stelle, dem Marktstammdatenregister. In diesem Zentralregister werden alle Erzeuger von erneuerbaren Energien verzeichnet. Das ist sinnvoll, denn die Netzbetreiber sind für die permanente Bereitstellung eines stabilen Stromnetzes verantwortlich und müssen daher auch täglich abwägen können, welche grünen Stromerzeuger wie viel Energie in ihr Stromnetz einspeisen werden.

Oft wird hier der Vergleich mit einem Toaster herangezogen, der eine ähnliche Leistung aus dem Stromnetz zieht und somit eine vergleichbare Last darstellt. Jedoch ist hier zu bedenken, dass sich die Netzbetreiber bei ihrer Versorgungsplanung an sogenannten Standardlastprofilen orientieren, die den typischen Stromverbrauch eines Privathaushalts, eines landwirtschaftlichen Betriebes, eines Bürogebäudes oder eines Industriebetriebes abbildet. Ein Balkonkraftwerk, das den ganzen Tag Strom in das Netz schickt, findet sich in diesen Lastprofilen allerdings noch nicht wieder.

DIE ANMELDUNG DER BKW IST WICHTIG FÜR DIE NETZSTABILITÄT

Die Erzeugung und der Verbrauch von Strom müssen im Gleichgewicht gehalten werden. Schon kleinste Schwankungen der Netzfrequenz (50 Hertz), die auch durch Über- oder Unterproduktion entstehen, können zum Zusammenbruch des Netzes oder zumindest zu notwendigen Eingriffen führen. Grundsätzlich sind Abweichungen erlaubt und regelungstechnisch sogar notwendig. Dabei darf sich die Abweichung allerdings nur in gewissen festgelegten Grenzen bewegen.

Sobald die Netzfrequenz unter 49 Hertz sinkt, werden bestimmte Bereiche oder Verbraucher vom Netz getrennt und dadurch der Strombedarf gesenkt. Ab einer Frequenz von 47,5 Hertz werden alle Kraftwerke abgeschaltet und das Netz danach neu aufgebaut. Erhöht sich sie die Netzfrequenz auf einen Wert über 50,2 Hertz, müssen leicht regelbare Energieerzeuger gedrosselt werden. Während die Regelfähigkeit von Kohlekraftwerken bei 3 bis 5 Prozent pro Minute liegt, diese also nicht schnell genug reagieren, kann die Stromeinspeisung von Gaskraftwerken, aber vor allem von Solar- und Windkraftanlagen, wesentlich schneller verringert werden. Komplett abgeschaltet werden Solaranlagen erst bei einer Überfrequenz von 51,5 Hertz.

Aber zurück zum Balkonkraftwerk. Während der einspeisende Wechselrichter auf 800 Watt Leistung begrenzt ist, dürfen die Module eine höhere Spitzenleistung haben. Ergibt das Sinn? Warum sollte so viel Erzeugungsleistung an so einem kleinen Wechselrichter hängen?

Das hängt immer von den persönlichen Umständen ab. Zum einen ist die bauliche Situation ausschlaggebend: Ist überhaupt ausreichend Platz vorhanden, um so viele Module anzubringen? Wir sprechen hier immerhin von einer Fläche von 10 Quadratmetern. Nicht jeder Balkon hat ein so großes Geländer, nicht jede Fassade so viel freien Fläche.

Wie viele Module sollen an meinen Wechselrichter angeschlossen werden? Wichtig für diese Entscheidung ist die Analyse des eigenen Verbrauchsverhaltens und die daraus resultierende Frage nach dem Bedarf an PV-Strom. Während ein Modul inklusive Wechselrichter bei einem Preis von rund 400 Euro liegt, steigen die Anschaffungskosten bei vier oder fünf Modulen zwar moderat an, da die Module selbst sehr preisgünstig sind. Aber reicht ein Panel, um den Grundverbrauch abzudecken? Hier sollte bedacht werden, dass ein PV-Modul seine volle Leistung nur im Optimalfall bringt.

Diese zwei Voraussetzungen müssen für viel Ertrag erfüllt sein:

1. Die Sonne muss im rechten Winkel zum Modul stehen, damit das Licht optimal auf die Glasoberfläche des Solarpanels trifft.

2. Die Außentemperatur ist idealerweise deutlich unter 20 Grad, da Solarzellen mit zunehmender Wärme schlechtere Leistungen erbringen.

Der Zeitpunkt, an dem beide Voraussetzungen zutreffen, ist recht selten. Die meiste Zeit liefern die Module nur einen Teil ihrer möglichen Maximalleistung. Im Winterhalbjahr sogar oft weit darunter.

Laufen tagsüber nur die Standardverbraucher wie Kühlschrank, WLAN-Router oder einige Standby-Verbraucher, dann dürfte eine deutlich höhere Modulleistung definitiv überdimensioniert sein. Betreibt man nebenbei aber noch mehrere, ständig laufende Computer oder gar einen Koi-Teich, dann kann sich die zusätzliche Investition in Solargeneratoren durchaus lohnen. Ein Balkonmodul mit 400 Watt Leistung und halbwegs vernünftiger Ausrichtung nach Süden mit leichten Abweichungen in Ost- oder Westrichtung produziert im Jahr rund 300 Kilowattstunden Strom. Ohne Speicher liegt der Eigenverbrauch noch einmal um gut zwei Drittel darunter. Viel mehr als 100 Kilowattstunden wird man so kaum selbst verbrauchen können. Das macht eine Strombezugsersparnis von 30 bis 40 Euro pro Jahr. In rund zehn Jahren wird sich die Anschaffung somit rechnen.

KANN EIN BKW DEN NICHT VERBRAUCHTEN STROM AUCH INS NETZ EINSPEISEN?

Vergütung für eingespeisten Strom wie bei den großen Verwandten auf den Hausdächern gibt es für Balkonkraftwerke meistens nicht. Grund: Oft ist ein BKW nicht als Einspeiseanlage (EEG-Anlage) angemeldet, so dass der nicht genutzte Strom zwar ins Netz fließt, aber nicht vergütet wird. Man verschenkt den Strom an den Netzbetreiber.

Daher setzen sich inzwischen Balkonkraftwerke mit Speicher am Markt durch. Dabei speisen die Module den Gleichstrom direkt in den Speicher ein, und der Wechselrichter versorgt im Nachgang das Hausnetz mit Strom. Auf diese Weise ergeben auch größere Balkonkraftwerke mit mehr PV-Modulen Sinn, wenn der tagsüber erzeugte Strom die Wohnung und den Speicher versorgt und nach Sonnenuntergang weiter aus dem Speicher Strom bezogen werden kann.

Wer bereits eine EEG-Anlage hat und ein zusätzliches Balkonkraftwerk nicht anmeldet, kann dafür bestraft werden.

In einem Fall muss das BKW allerdings als EEG-Anlage angemeldet werden: Wenn zusätzlich eine Einspeiseanlage betrieben wird, muss der Betreiber das Balkonkraftwerk als EEG-Anlage über einen eingetragenen Elektriker anmelden und anschließen lassen. Grund: Da nicht ausgeschlossen werden kann, dass das Balkonmodul mehr Strom ins Hausnetz einspeist, als dort verbraucht wird, würde der überschüssige Strom über den Stromzähler als Einspeisung ins öffentliche Netz gehen und damit zu einer Erhöhung der Einspeisevergütung der EEG-Anlage führen. *Das ist ein Fall von Subventionsbetrug und kann zu Strafen bis hin zur Streichung der kompletten Einspeisevergütung führen.*

Als Einstiegsmöglichkeit in die Welt der Eigenstromerzeugung haben Balkonkraftwerke in den letzten Jahren sehr an Beliebtheit gewonnen. Richtig ausgelegt, amortisieren sie sich in sieben bis zehn Jahren und produzieren danach noch lange Jahre sauberen und bezahlten Strom für ihre Besitzer. Häufig gibt es auch regionale Förderungen für diese Kleinstphotovoltaikanlagen. Hier lohnt sich vor der Anschaffung eine intensive Marktrecherche und ein Blick auf die aktuellen Förderprogramme in der jeweiligen Region.

REGENERATIVE STROMERZEUGUNG BEFINDET SICH IM ÜBERRAGENDEN ÖFFENTLICHEN INTERESSE

Regenerative Stromerzeugung wurde vor wenigen Jahren in das überragende öffentliche Interesse erhoben – eine gesetzliche Regelung, die auch Auswirkungen auf die Installation von Balkonkraftwerken in Mietobjekten hat. Denn im Gegensatz zur früheren Regelung bleibt es dem Vermieter nun nicht mehr vorbehalten, nach Gutdünken seine Zustimmung oder Ablehnung zum geplanten Vorhaben auszusprechen.

Mieterinnen und Mieter haben nun einen Anspruch auf die Zustimmung des Vermieters. Die Montage darf nur noch in begründeten und außerordentlichen Fällen verweigert werden. Aber trotz gesetzlicher Rückendeckung empfiehlt es sich immer, im Vorfeld mit dem Hausbesitzer oder den anderen Miteigentümern über die Maßnahme zu sprechen.

Bei der Montage von Balkonmodulen sind einige Vorschriften zu beachten.

Und auch bei der Montage der Solarplatten gilt es einige Vorschriften zu beachten. So ist eine Anbringung in mehr als vier Metern Höhe nur mit entsprechend zertifizierten Glas-Glas-Modulen erlaubt. Das klassische Photovoltaik-Modul hat nur auf der der Sonne zugewandten Vorderseite eine Glasplatte. Als rückwärtiger Abschluss kam bisher eine Kunststofffolie zum Einsatz.

Seit einigen Jahren erfreuen sich Module, die auf beiden Seiten mit einer Glasscheibe versehen sind, immer größerer Beliebtheit. Vorteil ist die höhere Bruchsicherheit und damit verbunden auch eine längere Lebensdauer. Und eben wegen dieser Eigenschaften sind Module mit entsprechender bauaufsichtlicher Zulassung auch in oberen Stockwerken zur Anbringung an Balkongeländer oder Fassade zugelassen.

Diese rechtliche Zulassung entbindet den Betreiber aber nicht von der ordnungsgemäßen Anbringung. Insbesondere an offenen Balkongeländern können hohe Windlasten wirken und das Modul aus der Befestigung reißen. Man stelle sich vor, ein 20 Kilogramm schweres Glas-Glas-Modul wird losgerissen und stürzt mehrere Meter in die Tiefe. Will man viel Freude mit der Eigenstromproduktion haben, sollte man also unbedingt auf ein stabiles Montagesystem zurückgreifen und im Zweifelsfall Fachleute beauftragen.

MIETER KÖNNEN VON SELBST ERZEUGTEM SOLARSTROM PROFITIEREN

Die Politik stellt noch eine weitere Möglichkeit zur Verfügung, wie Mieter und Vermieter von der Stromproduktion am eigenen Gebäude profitieren können: Der sogenannte Mieterstrom soll mit moderner Technik zukünftig einfacher realisierbar sein. Hierfür kommen *Smart-Meter-Gateways* zum Einsatz. Dabei handelt es sich um die Kombination aus einem digitalen Zweirichtungs-Stromzähler und einer intelligenten Kommunikationseinheit, die alle 15 Minuten die Zählerwerte an den Netzbetreiber übermittelt. Eines dieser intelligenten Messsysteme stellt dabei permanent die von der Photovoltaikanlage produzierte Strommenge fest. Die anderen *Smart-Meter-Gateways* sind den einzelnen Wohnungen zugewiesen und überwachen den dortigen Stromverbrauch.

Mithilfe dieses sogenannten virtuellen Summenzählers lassen sich die Stromproduktion vom Dach und der Verbrauch der einzelnen Wohneinheiten synchronisieren. Es wird genau ermittelt, welche Menge des Photovoltaikstroms zeitgleich dem Verbrauch der Mietparteien zugeordnet werden kann. Die Teilnahme an diesem System ist jedem Mieter freigestellt und nicht verpflichtend.

Wichtig für die Einführung dieses Systems ist, dass der Betreiber der Photovoltaikanlage von den bislang noch geltenden Pflichten eines Stromversorgers entbunden wird. Zu diesen gehört unter anderem, dass der PV-Betreiber auch für die Belieferung der Mieter mit dem Reststrom verantwortlich wäre, der aus dem Stromnetz bezogen werden muss.

PHOTOVOLTAIK-STROMSPEICHER

Wenn es um die Wirtschaftlichkeit einer Photovoltaikanlage geht, ist die Frage nach dem Sinn eines Batteriespeichers nicht weit. Wann lohnt sich die Anschaffung eines Akkus? Was sind die Vorteile, und wo liegen die Nachteile?

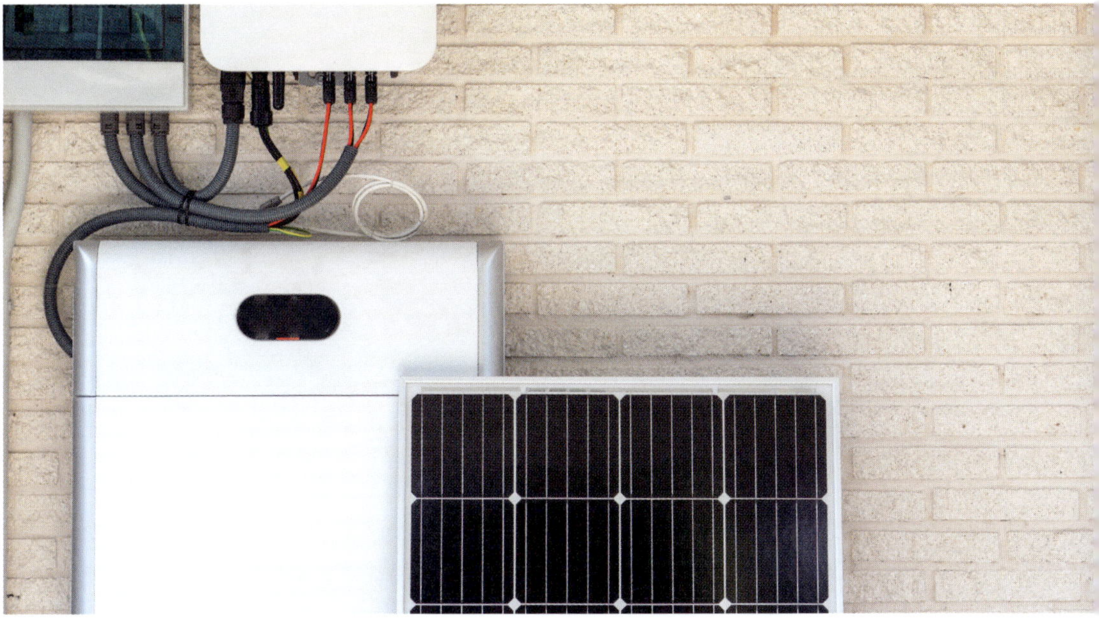

Ein Batteriespeicher erhöht den Eigenverbrauch von selbst erzeugtem Strom.

Unter dem Aspekt der Sektorenkopplung betrachten wir die Photovoltaik als Stromproduzent in Verbindung mit Wärmepumpe und Elektroauto. Diese beiden Großverbraucher erhöhen insbesondere in den Wintermonaten von November bis Februar den Eigenverbrauchsanteil aus der Photovoltaikanlage. Oft bleibt dann kaum Strom übrig, den man in einen Stromspeicher einlagern könnte.

Wenn dann noch das bidirektionale Laden der Elektroautos, also das Entladen der Autobatterie ins Haus oder ins öffentliche Netz *(Vehicle-to-Home / Vehicle-to-Grid)* möglich ist, hat der stationäre Stromspeicher noch weniger zu tun. Denn dann kann sich das Haus aus dem wesentlich größeren Batteriespeicher des Autos bedienen, wenn dieses abends und nachts vor der Tür steht.

Aktuell gibt es bereits Firmen und Autohersteller, die gemeinsam an Pilotprojekten arbeiten. Keine Frage: Das bidirektionale Laden steht in den Startlöchern. Bis das Ganze technisch, logistisch und gesetzlich geregelt ist, dauert es aber noch einige Zeit.

Wer sich trotzdem für die Anschaffung eines Speichers interessiert, der sollte folgende Dinge in seine Überlegungen mit aufnehmen:

WIE GROSS SOLLTE DER STROMSPEICHER SEIN?

Oft ist es so, dass PV-Speicher im Sommer nicht leer und im Winter nicht voll werden. Das liegt daran, dass die Nächte im Sommer kurz sind, meist bei Tageslicht gekocht wird und der Speicher eigentlich nur den Grundverbrauch des Hauses für zehn oder weniger Stunden abdecken muss. Bei durchschnittlichen Haushalten liegt dieser Stromverbrauch bei rund 100 bis 250 Watt. Das macht bei zehn Stunden Dunkelheit gerade einmal 2,5 Kilowattstunden.

Im Winter ist die Nacht hingegen deutlich länger. Dann fallen der Betrieb von Elektroherd, Spülmaschine und Fernseher in die Zeit, in der Strom aus dem Speicher verbraucht wird. Schnell stehen dann in der winterlichen dunklen Tageshälfte 8 bis 10 Kilowattstunden auf der »Stromuhr«. Diese werden aber an einem trüben Herbsttag nicht immer von der Photovoltaikanlage im Überschuss erzeugt oder gar eingespeichert. Wenn zudem die Wärmepumpe den ganzen Tag läuft und dauerhaft mindestens 1 Kilowatt Leistung einfordert, bleibt für den Stromspeicher nichts mehr übrig.

Ein Anhaltspunkt für die Wahl der sinnvollsten Speicherauslegung kann der Verbrauch in einer Nacht im März oder Oktober sein. Denn dann kommt relativ gesichert noch so viel Strom aus der Photovoltaikanlage, um alle Verbraucher und auch den Speicher tagsüber zu füllen. Wenn man den Speicher um ein oder zwei Kilowattstunden über diese Kenngröße auslegt, dann ist man auch für eine zukünftige Degradation (langsame Verringerung) der Speicherkapazität gewappnet, die unweigerlich nach einigen Jahren einsetzen wird.

WELCHE LEISTUNG SOLL DER SPEICHER ERBRINGEN?

Mit der gewählten Speichergröße einher geht auch die Leistung, mit der ein Speicher be- und entladen werden kann. Man spricht von der sogenannten C-Rate, die das Verhältnis von Speicherkapazität in Kilowattstunden zur Leistungsaufnahme und -abgabe in Kilowatt beschreibt. Hat ein Stromspeicher eine C-Rate von 0,5 und eine Kapazität von 10 Kilowattstunden, dann kann er mit 5 Kilowatt be- und entladen werden. Stellt man ihn sich wie einen Wasserspeicher vor, dann entspricht die Höhe der Ladeleistung also der Dicke der Zuleitungen.

Dieser Wert ist für mehrere Szenarien wichtig: Wenn eine große, gut ausgerichtete Photovoltaikanlage verbaut ist, die auch im Winter bei Sonnenschein eine hohe Leistung nahe an 10 Kilowatt erbringt, ist es ein großer Vorteil, wenn der Speicher schnell vollgeladen werden kann. Grund: Die Sonne steht im Winter nicht lange in einem guten Einstrahlwinkel zur Photovoltaik und lässt sich außerdem nicht über längere Zeiträume blicken. In diesem Fall ist es sinnvoll, wenn der Speicher in einer oder in zwei Stunden voll- oder zumindest zu einem großen Teil geladen wird, weil er schnell genug Strom aus der Photovoltaik aufnehmen kann. Gelangt die Batterie jedoch an ihre Leistungsgrenze, wird der Rest des selbst produzierten Stroms ins Netz eingespeist.

Auf der anderen Seite, der Entladeseite, ist zu prüfen, ob es große Verbraucher im Haus gibt, die auf den Speicher zugreifen. Eine moderne Wärmepumpe läuft idealerweise mit möglichst geringer Leistung permanent durch. Die Stromheizung allein wird die Kapazität nicht ausreizen, benötigt aber dauerhaft einen gewissen Teil der Entladeleistung. Kommen dann Verbraucher wie Elektroherd oder Fernseher dazu, dann steigt die Belastung auf den Speicher. Für einen Verbraucher, der nur kurzfristig oder selten über die Entladeleistung hinauskommt, ergibt die Anschaffung eines größeren Speichers vor allem aus finanzieller Sicht keinen Sinn. Auch eine Speichererweiterung kostet viel Geld. Ob sich das rechnet, muss jeder für sich selbst herausfinden. Überhaupt sollte das eigene Verbrauchsverhalten vor Anschaffung eines Stromspeichers genau analysiert werden.

ACHTUNG, SPEICHERVERLUSTE!

Eine weitere Kenngröße von Batterien ist deren Wirkungsgrad in sich selbst und im Verbund mit einer Photovoltaikanlage. Die Module auf dem Dach wandeln das Sonnenlicht in elektrischen Gleichstrom um. In der Batterie wird der Storm ebenfalls als Gleichstrom eingelagert. Im Haushalt verbrauchen wir aber Wechselstrom. Jede Wandlung des Stroms ist mit Verlusten behaftet. Daher ist es effektiver, ihn wandlungsfrei aus den Modulen in den Speicher zu transportieren. Hierzu kommen sogenannte Hybrid-Wechselrichter zum Einsatz. Sie sorgen für das Be- und Entladen des Speichers, aber auch für die Wandlung von Gleich- in Wechselstrom.

Der Speicher selbst benötigt ebenfalls Energie. Es gibt kein System, bei dem genau die Energiemenge wieder entnommen werden kann, die hineingeladen wurde. Daher sollte Stromspeicherung auch immer nur die letzte Wahl sein. Effizienter ist immer der direkte Verbrauch des erzeugten Stroms.

Schließlich hängt der Wirkungsgrad auch von der Art ab, wie der Speicher beladen wird. Wir können aus eigener Erfahrung berichten, dass unsere Batterie im Normalbetrieb, also Ladung aus der Photovoltaikanlage und Entladung durch Hausverbrauch, auf einen durchschnittlichen Wirkungsgrad von 83 Prozent kommt. Hierbei sind die Energieverluste durch den Betrieb der Photovoltaikanlage noch nicht einberechnet. Wenn wir den Speicher aber mit voller Leistung aus dem Stromnetz laden, dann steigt der Wirkungsgrad auf 86 Prozent an. Warum wir unseren Speicher aus dem öffentlichen Netz laden und ob wir das überhaupt dürfen, dazu später mehr.

Das effektivere Beladen mit höheren Leistungen ist einer der Gründe, weshalb man die Photovoltaikanlage so einstellen sollte, dass der Speicher zumindest in den Sommermonaten erst in der Mittagsspitze lädt. Grund Nummer zwei hierfür ist die **Netzdienlichkeit**. Da alle Photovoltaikanlagen ihre höchste Leistung im Sommer um die Mittagszeit erbringen, ist es für das Stromnetz verträglicher, wenn diese Spitze durch Verbraucher, also auch den Speicher, abgenommen wird, als wenn der komplette Strom ins Netz gedrückt wird. Es ist also wichtig, dass ein sogenanntes prognosebasiertes Laden des Speichers auch verfügbar und aktiviert ist.

Neben dem Spaß und dem guten Gefühl, eine Photovoltaikanlage mit einem Stromspeicher zu betreiben, steht die Unabhängigkeit und damit einhergehend ein gewisses Sicherheitsgefühl ganz oben auf der Liste der Kaufkriterien. Die Wirtschaftlichkeit, mit der Speicher bisher oft betrachtet wurden, ist bei vielen Menschen in den Hintergrund gerückt. Auch in unserem Fall lohnt sich der Speicher aus finanzieller Sicht nicht. Dennoch würden wir unsere PV-Anlage immer wieder mit einem Speicher kombinieren.

IST DER WEG ZUR EIGENSTROMERZEUGUNG IMMER NOCH SO KOMPLIZIERT?

Der hohe bürokratische Aufwand, der mit der Planung, dem Bau und der Installation einer PV-Anlage einherging, war bisher ein Grund für viele, die Finger von der Eigenstromproduktion zu lassen. Unter anderem waren zahlreiche Formulare auszufüllen, die der Installateur dem Stromnetzbetreiber vorzulegen hatte. Neben den reinen Leistungsdaten war auch ein Lageplan/Katasterauszug mit dem genauen Ort der zukünftigen PV-Anlage erforderlich. Wir hatten Glück: Unser Installateur stand uns mit Rat und Tat zur Seite und arbeitete schon vor. Wir mussten größtenteils nur noch unsere Unterschrift unter die Dokumente setzen.

Viele Photovoltaikanlagen-Installateure helfen beim Ausfüllen der nötigen Formulare.

Im Marktstammdatenregister (MaStR), dem zentralen Melderegister in Deutschland für alle Generatoren von erneuerbarer Energie und Grubengas, mussten wir dann aber selbst aktiv werden. Die Eintragung ins MaStR schreckt viele PV-Betreiber zunächst ab, weil es auf den ersten Blick kompliziert erscheint. Tatsächlich sollten die benötigten Daten aber bekannt sein. Unter anderem zählen dazu Name und Adresse des Betreibers und des Betriebsorts, Leistung der Photovoltaikanlage oder aber Größe und Leistung des Stromspeichers. Zu beidem gibt es eine Registrierungsnummer, die nach erfolgter Anmeldung vom Netzbetreiber übermittelt wird. Wir hatten auch Glück mit unseren lokalen Stadtwerken, dass unsere Zähler schnell getauscht und Inbetriebnahme-Termine kurzfristig vergeben wurden. Leider existieren auch andere Berichte über Netzbetreiber, bei denen dieser Vorgang Monate gedauert hat.

Bei uns lief das ganze Prozedere reibungslos ab, auch bei der zweimaligen Erweiterung unserer PV-Anlage gab es keinerlei Probleme. Die Mitarbeiterinnen und Mitarbeiter unseres Netzbetreibers waren stets um einfache Lösungen bemüht. Dies mag vielleicht auch daran liegen, dass wir uns bei der Wahl des Installateurs für einen in unserem Wohnort bekannten Traditionsbetrieb entschieden haben. Dieser steht im regelmäßigen Austausch mit dem Netzbetreiber – für uns auf jeden Fall ein großer Vorteil.

Und schließlich steht noch die Auseinandersetzung mit dem Finanzamt an. Wer Strom produziert und verkauft, nimmt eine unternehmerische Tätigkeit auf und kann sich so die nicht unerhebliche Mehrwertsteuer aus dem Anlagenkauf vom Finanzamt zurückholen.

Seit 2023 gibt es allerdings eine wichtige Neuerung für alle privaten Stromerzeuger: Im Umsatzsteuergesetz ist nun verankert, dass die Einzelteile einer Photovoltaikanlage bis 30 Kilowatt-Peak und eines Stromspeichers ebenso von der Umsatzsteuer befreit sind wie das zugehörige Material und die Installationskosten. Es gibt also für Photovoltaikanlagenbetreiber, die ihren Strom ins öffentliche Netz einspeisen, keinen Grund mehr, Angst vor dem Finanzamt und der damit verbundenen Bürokratie zu haben. Wer unsicher ist, sollte bei seinem zuständigen Finanzamt nachfragen, welche Formulare noch auszufüllen sind.

Die Anmeldung und der Anschluss der Photovoltaikanlage werden zukünftig deutlich einfacher und teils auch günstiger sein. Konnte bislang noch jeder Netzbetreiber innerhalb eines gewissen Rahmens die eigenen technischen

Anschlussbedingungen (TAB) definieren, wird zukünftig zentral festgelegt, wie Stromerzeugungsanlagen angeschlossen werden. Auch die Anmeldung soll auf einem einheitlichen digitalen Weg erfolgen.

In den letzten Jahren wurden viele bürokratische »Monster« rund um die Eigenstromerzeugung abgeschafft oder in zahnlose Tiger verwandelt. Aber einige Vorschriften sind geblieben. Wer die Anlage beispielsweise in Eigenregie (*Do it yourself* oder, abgekürzt, *DIY*) aufbaut, wird auch weiterhin nicht umhinkommen, sich einen zuständigen Elektriker zu suchen, der die Anlage beim Netzbetreiber anmeldet. Für alle anderen, die sich für die kompletten Arbeiten einen Installateur suchen, bleibt eigentlich nur noch die Eintragung im Marktstammdatenregister übrig, und die ist im Idealfall in einer Viertelstunde erledigt.

ELEKTROMOBILITÄT

Schon vor über 100 Jahren gab es die ersten elektrisch betriebenen Fahrzeuge, allerdings ohne alltagstaugliche Reichweite, und auch nicht mit der nötigen Unterstützung der Politik, Industrie und Gesellschaft. Wirklich ernsthafte Konkurrenz zu den Autos mit Verbrennungsmotor ließ erst der amerikanische Milliardär Elon Musk mit seiner Marke Tesla produzieren. Rollte in den 2000er-Jahren zunächst nur ein Roadster-Modell von den Bändern des englischen Lotuswerks Hethel, folgten ab 2012 die Limousine Model S und dann das SUV Model X mit jeweils verschiedener Batteriegröße und Motorisierung, die in der ersten Gigafactory Teslas in Nevada produziert wurden.

Mit Reichweiten zwischen 400 und 500 Kilometern und einer Ladezeit von rund einer Dreiviertelstunde waren diese Fahrzeuge zwar immer noch keine Langstreckenwunder, aber für den täglichen Gebrauch durchaus praktikabel. Gar nicht alltagstauglich waren hingegen die Anschaffungskosten, die je nach Ausstattung bei 100000 Euro lagen – die neue Technik hatte ihren Preis.

Nur ein Jahr später folgten dann aber unter anderem mit der Renault Zoe und dem Nissan Leaf zwei Kleinwagen, die als preiswerter Einstieg in die Elektromobilität galten. Mit einer noch recht überschaubaren Reichweite taugten sie zwar zunächst nur als Zweitwagen oder als Prestige-Objekt für Umwelt-Enthusiasten. Aber mit einem Preis deutlich unter 25000 Euro zuzüglich der damals noch üblichen Batteriemiete von 50 bis 100 Euro im Monat waren diese beiden Elektroautos doch deutlich erschwinglicher als die großen Tesla-Modelle. Inzwischen werden Elektroautos in der Gesellschaft nicht mehr als Spielzeug wahrgenommen. Viele massentaugliche und bezahlbare Modelle mit Reichweiten jenseits der 300 Kilometer haben den Markt erobert, die Ladeinfrastruktur ist deutlich besser ausgebaut. Das Thema Elektromobilität wird ernst genommen - von Seiten der Befürworter und Gegner.

SIND ELEKTROAUTOS GUT FÜR UMWELT UND KLIMA?

Im Mittelpunkt der kritischen Betrachtungen steht der große, rund 500 Kilogramm schwere, Akku des Elektroautos. Lithium-Ionen-Batterien, die in vielen E-Autos zum Einsatz kommen, haben unter anderem Kobalt und Lithium verbaut. Kobalt kommt als Legierung der Kathode zum Einsatz, Lithium als Überträgermedium für die Elektronen, die sich zwischen Anode (positiv geladene Elektrode) und Kathode (Minuspol) bewegen.

Kobalt, ein stahlgraues, sehr zähes Schwermetall, wird hauptsächlich in der Demokratischen Republik Kongo abgebaut. Die industriell betriebenen Minen dort sind meist in chinesischer Hand. In Asien hat man neben der Produktion von Photovoltaikmodulen auch sehr früh auf Batteriespeichertechnik gesetzt und sich entsprechende Schürfrechte in Afrika gesichert.

Lithium wird an vielen Orten der Welt gefördert, unter anderem in West-Australien.

Neben diesen offiziellen Abbauprojekten gibt es aber auch zahllose illegale Minen, die dementsprechend auch schlecht abgesichert sind. In diesen sind es oft Kinder, die nach allen Bodenschätzen graben, die auf dem Schwarzmarkt ein wenig Geld bringen. Eben auch Kobalt.

Im Gegensatz zu Kobalt, das zu 70 Prozent aus dem Kongo kommt, wird Lithium an vielen Orten der Welt abgebaut, hauptsächlich im klassischen Bergbau in Australien. Ein Teil stammt aber auch aus den Salzwüsten Südamerikas. In den sehr trockenen Regionen wird hochgepumpte Salzlake auf großen Flächen verdunstet, um das übrigbleibende Lithium abschürfen zu können.

Dieser Verdunstungsprozess führt zu einer Umverteilung des Grundwassers, was die Region rund um die Salzseen noch trockener werden lässt und den dort angesiedelten Farmern zu schaffen macht. Das wesentlich größere Problem sind dort allerdings die Kupferminen, in denen viel Süßwasser eingesetzt wird. Die Salzlake aus dem Lithium-Abbau ist landwirtschaftlich nicht nutzbar. Die Art, in der über diese Bedingungen der Rohstoffbeschaffung berichtet wurde, zog zwei hauptsächliche Effekte nach sich. Einerseits wurde – und das ist äußerst positiv zu bewerten – die Diskussion um die Herkunftsnachweise bei vielen unserer alltäglichen Produkte angeregt und mündete sogar in der Erstellung eines Lieferkettengesetzes, das zukünftig zunehmend die Lieferwege der Rohstoffe und Produktionsstätten unserer Produkte offenlegt.

Zum anderen führte es aber auch zu einer sehr verzerrten Darstellung der Elektromobilität. Dass Lithium und Kobalt schon lange vor Produktion der ersten Elektroautos für unser tägliches Leben abgebaut wurden und in vielen anderen Produkten vorkommen, war nicht Teil der öffentlichen Diskussion.

Schließlich führte es aber auch dazu, dass namhafte Autohersteller ihre Lieferketten offenlegten und die Entwicklung in Batterietechnik ohne die schädlichen Rohstoffe vorangetrieben wurde. Heute kommen Batteriezellen des Typs Lithium-Eisenphosphat zum Einsatz, die kein Kobalt mehr enthalten. In Zukunft soll zudem

Lithium durch Natrium ersetzt werden, das häufigste Element in der Erdkruste, das auch sehr einfach abbaubar ist.

Doch das Elektroauto musste in der Folge auch seine angepriesene Klimaverträglichkeit beweisen. »Der Schornstein des Kohlekraftwerks ist der Auspuff des E-Autos«, war oft zu hören. Gemeint ist, dass für immer mehr neue Elektroautos auch mehr Kohlekraftwerke angeworfen werden müssen. Daher müsse für die Klimabilanz des E-Autos der CO2-Ausstoß des schmutzigsten Kraftwerks herangezogen werden. Denn gebe es den Stromer nicht, könne auf diesen Kohlestrom verzichtet werden. Es erschließt sich bei dieser Argumentationskette allerdings nicht, welchem Verbraucher welcher Stromerzeuger zugewiesen wird. Es gibt viele Photovoltaikanlagen, die eigens zum Beladen von E-Autos errichtet wurden, und nicht für jedes neue E-Auto wird automatisch ein Kohlekraftwerk mehr Strom produzieren. Wichtig ist, dass mit zunehmenden Stromverbrauchern auch mehr grüne Energie zur Verfügung steht.

Aber abgesehen von den vorherigen Überlegungen hat das E-Auto - gerade im Stadtverkehr und bei eventuellem Kurzstreckenbetrieb - große Vorteile: Es ist sehr leise und belästigt in Wohngebieten mit Tempo 30 die Anwohner nicht mit Lärm. Ab 30 Stundenkilometern werden die Geräusche der Reifen dominant und nur die Lastwechsel durch Beschleunigen unterscheiden den Verbrenner vom Stromer - teilweise aber deutlich. Das Argument, E-Autos seien deswegen »gefährlich«, wirkt angesichts der vielen Krankheitsbilder durch Lärmbelästigung zynisch. Das E-Auto ist lokal abgasfrei, belastet also, unabhängig von der Quelle des Stroms, die Umgebung nicht mit Abgasen. Ebenfalls vorteilhaft: Das E-Auto hat keine Warmlaufphase, ist also von Beginn an abgasfrei. Im Gegensatz dazu benötigt ein Katalysator im Verbrennungsmotor erst eine gewisse Fahrtstrecke, bevor er auf Betriebstemperatur kommt und die Abgasreinigung beginnt, oder sie bei niedrigen Temperaturen sogar abgeschaltet wird.

»SCHWEDENSTUDIE« SORGT FÜR DISKUSSIONEN

Zweifellos ist die Herstellung eines Elektroautos durch den großen Akku aufwendiger als die eines konventionellen Verbrenners. Einer Studie zweier schwedischer Wissenschaftlerinnen aus dem Jahr 2017 zufolge hätte ein Elektroauto seinen produktionsbedingten CO2-Rucksack aber erst nach 150 000 Kilometern abgetragen. Bis heute werden die Ergebnisse dieser Ausarbeitung immer wieder in den sozialen Medien, aber auch in Veröffentlichungen diverser Wissenschaftler, herangezogen mit dem Ziel, den Klimavorteil der elektrischen Antriebsmethode in Frage zu stellen. Die beiden schwedischen Wissenschaftlerinnen zogen ihre Studie, eine sogenannte Meta-Studie, die sich ausschließlich der Ergebnisse anderer Studien bediente, nur zwei Jahre später wieder zurück. Einerseits wurden zwei vollkommen unterschiedliche Fahrzeugklassen miteinander verglichen, andererseits haben sich die Stromzusammensetzungen, mit denen die Batterien hergestellt werden, mit den Jahren deutlich hin zu weniger CO2-Ausstoß verändert. Die Werte der Studie stammten aus dem Jahr 2013. Damals betrug der Anteil der regenerativen Energien im deutschen Stromnetz gerade einmal 25 Prozent. Heute liegen wir bei vergleichbarem Gesamtverbrauch bei 55 Prozent.

Berücksichtigt man auf der einen Seite den Strommix, mit dem der Akku hergestellt wird, und auf der anderen Seite den Bereitstellungsaufwand von fossilen Brennstoffen und deren CO2-Ausstoß bei der Verbrennung, kompensieren Elektroautos ihren produktionsbedingten Rucksack von rund 5 Tonnen CO2 nach 30 000 zurückgelegten Kilometern. Und: Mit jedem neuen Windrad und jeder neuen Photovoltaikanlage wird dieser Rucksack kleiner.

REICHWEITENANGST?

Bei vielen Autoherstellern und -marken hat sich in den letzten Jahren viel getan. Von einem Abenteuer lässt sich heute beim Thema Elektromobilität nur noch schwer sprechen. Dies trifft auch auf gerne heraufbeschworene Szenarien im kalten Winter zu: Wenn E-Autos auf eingeschneiten Autobahnen feststecken und die Heizung den Akku binnen kurzer Zeit »leersaugt«. Ist das wirklich so? Hier hilft eine kleine Rechnung: Moderne Stromboliden haben Energiespeicher mit einer Kapazität zwischen 60 und 100 Kilowattstunden. Der deutsche Durchschnittshaushalt verbraucht 3 500 Kilowattstunden im Jahr. Das macht rund 10 Kilowattstunden an einem Tag. Somit könnte ein Autoakku also ein Einfamilienhaus eine Woche lang mit Strom versorgen. Und das mit Wasch- und Spülmaschine, E-Herd, Fernseher und noch vielen weiteren Verbrauchern.

Reichweitenangst? Das war einmal!

Wer also Sorge hat, Klimaanlage, Beleuchtung, Radio und Co. könnten spürbar an der Reichweite zehren, wird hier eines Besseren belehrt. Unsere Wärmepumpe, mit der wir unser 160 Quadratmeter großes Haus im Winter beheizen, hat eine Maximalleistungsaufnahme von 3 Kilowatt. Die Wärmepumpe, die den Innenraum eines Fahrzeugs auf Temperatur bringen und halten soll, startet bei Minusgraden vielleicht auch bei 2 Kilowatt, senkt diese Leistungsaufnahme aber schon nach wenigen Minuten auf unter 1 Kilowatt. Das macht pro Stunde 1 Kilowatt Stromverbrauch für den warmen Innenraum. Radio und Beleuchtung hingegen brauchen nur einen Bruchteil dieser Energie. Selbst wenn der Akku nur noch zu einem Viertel gefüllt ist, reicht die Restmenge, um das Auto einen Tag lang auf angenehmen 20 Grad zu halten. Wer dieses Viertel nicht mehr im Akku hat und eingeschneit wird, dem darf man wohl getrost grobe Fahrlässigkeit unterstellen. Man sollte sich also nicht von einer sinkenden Reichweitenanzeige erschrecken lassen. Diese berechnet immer die noch verfügbaren Kilometer anhand der aktuellen Fahrweise. Wenn das Auto steht und Strom für die Klimaanlage verbraucht, sinkt die Reichweitenanzeige, fährt man wieder los, beginnt sie wieder zu steigen.

WAS IST BEI GEBRAUCHTEN ELEKTROAUTOS ZU BEACHTEN?

Der Gebrauchtwagenmarkt ist mittlerweile recht vielfältig geworden und oft werden auch ausreichend Modelle mit akzeptabler Reichweite angeboten. Tatsächlich existieren mittlerweile Fahrzeugmodelle, die auch nach zwölf Jahren noch mit der ersten Batterie unterwegs sind und deren Halter somit auf praktische Erfahrung zur Degradation einer Antriebsbatterie verweisen können.

Eine typische Batterie-Entwicklung sieht so aus, dass gleich zu Beginn einige Prozent an Füllungsvermögen verloren gehen, sich dieses dann aber konstant bei rund 95 Prozent einpendelt und der Akku dann nur langsam weiter an Kapazität verliert. Wer also zu einem zwei bis drei Jahre alten Stromer greift, muss sich in aller Regel noch keine Gedanken um eine rapide sinkende Reichweite machen. Wer trotzdem auf Nummer sicher gehen will, lässt sich vor dem Kauf ein Batteriegutachten ausstellen, das deren aktuellen Zustand genau darstellt.

Weiterer Schwachpunkt des Elektroautos ist das Fahrwerk. Auf Grund des erhöhten Gewichts durch die Batterie kommt es oft zu Schäden zum Beispiel an Kopplungsstangen und Querlenkern. Wir selbst haben diese Erfahrung bei unserem ersten gebrauchten E-Fahrzeug, einer Renault Zoe, machen müssen und waren mehrfach deswegen in der Werkstatt.

Allerdings war die Renault Zoe auch nicht als reines Elektroauto konzipiert worden, sondern bewegte sich auf dem Chassis des Renault Clio fort, der 300 Kilogramm weniger auf die Waage bringt.

UNSER WEG ZUR ELEKTROMOBILITÄT

An einem sonnigen Wintertag im Februar 2016 wurden wir erstmals auf das Thema Elektromobilität aufmerksam. Wir machten unseren Großeinkauf beim Supermarkt um die Ecke, trugen unsere Taschen zum Auto, verstauten alles im Kofferraum und wollten eigentlich zurück nach Hause.

Oft sind die Ladeplätze für Elektroautos farblich markiert.

Dann fiel unser Blick auf drei auffallend grün markierte Parkplätze. Nicht nur die Farbe unterschied sie von den übrigen Parkbuchten: In der Mitte der drei »Grünflächen« stand an der Kopfseite eine Säule mit Digitaldisplay. An der Säule waren drei Kabel mit Steckern befestigt, zwei davon hingen an zwei Autos der Marke Tesla.

Neugierig stiegen wir aus und nahmen diesen »Kasten« samt Steckern unter die Lupe. An den Steckdosen der Autos pulsierte ein Ladelicht ruhig vor sich hin, zu hören war außer einem kleinen Surren aber nichts. Die Stecker sahen unterschiedlich aus und trugen die Beschriftungen AC, CCS und CHAdeMO. Es handelte sich bei der Ladesäule um einen sogenannten *Triple Charger*, einen Dreifach-Lader, der Stecker für alle Autotypen bereithielt.

Heute gebräuchlich ist hauptsächlich der runde AC-Wechselstromstecker, den man an heimischen Wallboxen und an langsameren öffentlichen Ladesäulen vorfindet. An den sehr schnell ladenden größeren Säulen findet sich überwiegend nur noch der größere CCS *(Combined Charging System)*-Stecker, mit dem Ladeleistungen bis zu 400 Kilowatt möglich sind. CHAdeMO, ein asiatischer Standard, ist nur noch wenig verbreitet.

Die Triple Charger, eine Ladesäule mit verschiedenen Steckern, werden immer seltener.

Die beiden Teslas, die wir an dieser Ladesäule sahen, waren für uns Neuland. Autos mit elektrischem Antrieb verbanden wir damals mit den kleinen Wägelchen auf dem Golfplatz oder mit den wenigen Fahrzeugen auf der ansonsten autofreien Nordseeinsel Langeoog, auf der Anne Pamperin als Kind jahrelang ihre Sommerferien verbringen durfte. Aber wo waren die alltagstauglichen E-Autos? Hatten wir sie bisher nur übersehen?

E-MOBILITÄT 2016 – EIN ECHTES ABENTEUER

Die neue Technik faszinierte uns so sehr, dass wir uns umgehend auf dem E-Automarkt umschauten. Wir entschieden uns für eine gebrauchte Renault Zoe mit einer 22 Kilowattstunden großen Batterie. Mit der recht kleinen Reichweite von 150 Kilometern und dem damals noch sehr dünn ausgebauten Ladesäulennetz in Deutschland war das Fahren eines E-Autos 2016 tatsächlich ein Abenteuer. Das war uns aber vollkommen egal. Ab sofort waren wir mit einem kleinen schwarzen Elektroflitzer unterwegs.

Gleich am Tag nach der Abholung wurde es spannend. Wir waren auf einer Hochzeit in Lüneburg eingeladen, und die Strecke hin und zurück entsprach in etwa genau der Reichweite unseres neuen Stromers. Wir hätten zwar einfach das zweite Fahrzeug unseres Haushalts nutzen können, einen Benziner mit bekannten Fahreigenschaften. Aber der Reiz des Neuen überwog. Und so machten wir uns auf die Reise ins Unbekannte. Ein wenig Sicherheit gab uns die Tatsache, dass in der Batteriemiete auch ein kostenloser Service des Herstellers enthalten war, uns im Falle des Liegenbleibens zur nächsten Lademöglichkeit zu schleppen. Aber abgesehen davon, dass es eine Ordnungswidrigkeit ist, sein Fahrzeug auf deutschen Autobahnen leer zu fahren, wollten wir uns diese Blöße natürlich nicht geben.

Der Hinweg von Quickborn nach Lüneburg war recht entspannt. Zu dieser Zeit war die Autobahn A7 von Schnelsen bis zum Elbtunnel über 30 Kilometer eine einzige Baustelle mit Maximalgeschwindigkeit von 60 Stundenkilometern. Und insbesondere bei der Renault Zoe steigt der Verbrauch ab 100 Stundenkilometern stark an. Daher gab es im Eco (Energiespar)-Modus eine Begrenzung auf 96 Stundenkilometer. Schnell genug, um nicht permanent von LKW überholt zu werden. Auf Langstrecken haben wir den Eco-Modus oft genutzt.

Wir kamen am Ort der Festlichkeit mit einem Batterieladestand *(SOC = State of Charge)* von 55 Prozent an. Also sollten wir es doch am nächsten Tag ohne Nachladen auch wieder zurück nach Hause schaffen. Heute hätten wir das Fahrzeug wahrscheinlich an einer Ladesäule in der Nähe angeschlossen und während unseres Aufenthalts wieder aufgeladen. Das sogenannte *Destination-Charging* ist die zeitsparendste Art, das E-Auto wieder auf Reichweite zu bekommen - dort, wo man sich aufhält (oder gerade angekommen ist), wird geladen.

Häufige Beispiele hierfür sind Supermärkte, Fitnessstudios, Kinos, Einkaufszentren, *Park-and-Ride*-Parkplätze und natürlich die heimische Lademöglichkeit oder die des Arbeitgebers. Wer auf Elektromobilität umsteigt, sollte vorher überprüfen, welche Lademöglichkeiten es in der Umgebung gibt und wie das Laden in das alltägliche Bewegungsmuster passt.

Unser erstes Elektroauto war 2016 eine Renault Zoe mit einer Batterie von 22 Kilowattstunden.

Zu unseren E-Auto-Anfangszeiten waren Lademöglichkeiten rar. Und so waren wir schon froh, dass wir den Rückweg von besagter Hochzeit ebenso gut wie den Hinweg bewältigten und mit einigen Prozent Restladung zuhause ankamen. Unser kleiner E-Flitzer war übrigens das Gesprächsthema auf dem Parkplatz vor der Hochzeits-Location. Die große (teure) Limousine, mit der der Trauzeuge das Brautpaar vorgefahren hatte, war eher Nebensache und fand wenig Beachtung. Unsere Renault Zoe blieb auch zukünftig im Mittelpunkt des Interesses, wenn wir am Supermarkt auftankten oder auch größere Reisen unternahmen. Oft wurden wir angesprochen und beantworteten geduldig typische Fragen wie »Wie weit kommt der?«, »Wie lange lädt der?«, »Was kostet das?« Wir fühlten uns zu der Zeit fast ein wenig wie Pioniere und schmückten unser Auto dementsprechend mit großen Aufklebern, die die Vorzüge dieser Antriebsart hervorhoben. Auf Langstrecken suchten wir nach immer neuen Herausforderungen. Eine Tour führte uns 900 Kilometer weit bis an den Bodensee nach Friedrichshafen. Die meisten Ladesäulen waren zwischen 2016 und 2018 noch kostenfrei, so dass wir zwar siebenmal »nachladen« mussten, aber nahezu gratis hin und zurück kamen.

Schon nach kurzer Zeit begannen wir, auf Langstrecke mit der Akku-Reichweite zu spielen. Sank die Reichweite unter die Reststrecke, wurde die Geschwindigkeit reduziert, und nach einigen Kilometern waren wir wieder im grünen Bereich. Anders als beim Verbrenner fuhren wir auch oft mit nur noch wenigen Kilometern im Tank zum geplanten Ladestopp vor. Wenn man so wenig Reichweite hat, gewöhnt man sich eine gewisse Gelassenheit an, gepaart mit Vertrauen in die Reichweitenanzeige und dem Wissen um das Verbrauchsverhalten des Autos. Liegengeblieben sind wir nie. Das Fahrverhalten mit einem Elektroauto unterscheidet sich in einigen Dingen von dem eines Verbrenners. Insbesondere die Geschwindigkeitsverzögerung findet beim E-Auto selten mit Hilfe der Bremsen statt. Vielmehr wird das Fahrzeug mit der sogenannten Rekuperation verlangsamt. Dabei wird die negative Bewegungsenergie in Strom für den Akku umgewandelt und das Fahrzeug gebremst. Das schont zwar die Bremsklötze und -scheiben, kann aber im Umkehrschluss zu verrosteten, weil nicht benutzten, Bremsen führen. Wenn der Verkehr es zulässt, sollte daher regelmäßig »in die Eisen« gegangen werden, um die Bremsen von unerwünschtem Belag zu befreien.

ELEKTROAUTO UND PHOTOVOLTAIK – DIE PERFEKTE KOMBINATION

Das Jahr 2018 brachte bei uns zwei ganz entscheidende Veränderungen: Zum einen ließen wir unsere erste Photovoltaikanlage installieren und konnten ab sofort unser Auto mit dem selbst erzeugten Strom »betanken«. Aus wirtschaftlichen Gründen taten wir das aber zunächst nicht. Denn an der Säule des örtlichen

Supermarktes war der Strom weiterhin kostenfrei. Somit haben wir den nicht ins Auto geladenen Strom unserer Photovoltaikanlage für 12,2 Cent pro Kilowattstunde an den Netzbetreiber verkauft. Dem Klima ist es schließlich egal, wer welchen Strom im Netz verbraucht, Hauptsache, es wird mehr grüner Strom erzeugt.

Außerdem hatten wir uns in jenem Jahr entschlossen, unseren noch verbliebenen Verbrenner (wir hatten ursprünglich zwei Autos) zu veräußern und nur noch auf ein Fahrzeug zu setzen, die Renault Zoe. Wir hatten beruflich mittlerweile umstrukturiert und kamen in der Folge trotz eher mäßiger Anbindung an den öffentlichen Personennahverkehr recht gut mit dem kleinen E-Auto und unseren mittlerweile ebenfalls motorisierten Fahrrädern (Pedelecs) zurecht. Finanziell, aber auch gesundheitlich, brachte das deutliche Vorteile mit sich – von der CO2-Bilanz ganz zu schweigen.

Statt des Autos nutzen wir immer häufiger unsere Pedelecs.

Irgendwann wurde es dann mit der Renault Zoe, die nur Wechselstrom laden konnte, zu eng. Mit der Gründung unseres YouTube-Kanals »gewaltig nachhaltig« begannen wir damit, die Photovoltaikanlagen und Energiekonzepte anderer Menschen in ganz Deutschland vorzustellen und waren daher öfter auf längeren Strecken unterwegs. So wurde das Abenteuer »Elektroauto erster Generation« langsam zum Hindernis. Und auch die von uns benötigten Wechselstrom-Lademöglichkeiten an den Autobahnen waren in die Jahre gekommen und wurden mehr und mehr zu Wackelkandidaten. Stattdessen tauchten mehr sogenannte Hypercharger mit Ladeleistungen von 150 bis 300 Kilowatt als ganze Ladeparks an den Raststätten der deutschen Autobahnen auf.

Wir blieben beim Fahrzeugwechsel im Sommer 2020 zwar dem Modell treu, setzten aber auf modernere Ladetechnik und doppelte Reichweite. Unsere neuen Eckdaten lauteten nun bei moderater Fahrweise 250 Kilometer Reichweite und eine Ladedauer von 45 Minuten. Somit beinhaltete eine Strecke von Hamburg nach München drei Ladepausen von je einer Dreiviertelstunde. Damit konnten wir schon sehr gut leben.

Ein weiterer Wechsel des Fahrzeugs nur zweieinhalb Jahre später war dann einem geänderten Fahrverhalten, aber auch dem Spaß an der E-Mobilität, geschuldet. Neue Technik, neuer Markt, neue Marktgesetze: Wir hätten unsere Renault Zoe Ende 2022 sogar mit Gewinn veräußern können, einigten uns damals mit den Käufern aber auf einen Preis, der unserem Kaufpreis sehr ähnlich war.

Hauptgrund hierfür waren damals ein dünner Gebrauchtwagenmarkt im elektrischen Segment, aber auch die staatliche Subvention. 9 000 Euro Nachlass plus ein paar persönliche Vergünstigungen sorgten dafür, dass wir mit unserem Kaufpreis um über 25 Prozent unterhalb des Listenpreises lagen. Hauptursache für den starken Preiserhalt war aber definitiv die staatliche Förderung. Diese sorgte in den frühen 2020er Jahren für ein absurdes Geschäftsgebaren. Elektroautos wurden in Deutschland mit hoher Förderung gekauft und nach einem halben Jahr mit großem Gewinn nach Skandinavien weiterveräußert. Auch eine staatliche Regulierung, die die Mindesthaltezeit auf ein Jahr verlängerte, änderte nicht viel daran.

Der eigentliche Sinn einer staatlichen Subvention ist es, eine neue, zukunftsverträgliche Technik beim Markteinstieg zu unterstützen. Dies funktionierte in den ersten Jahren gut, zeigte zuletzt aber doch, dass die E-Mobilität keiner Subvention mehr bedarf. Und so wurde das Programm – wenn auch ein wenig abrupt – Ende 2023 eingestellt. Und nur wenige Tage später fielen die Listenpreise zahlreicher Elektroautos um mehrere Tausend Euro.

Mit unserem Tesla können wir problemlos Langstrecken bewältigen.

Wie erwähnt, diente unser Fahrzeugwechsel nicht der persönlichen Bereicherung. Mit unserem jetzigen Tesla Model 3 Performance haben wir nun nochmal eine gravierend höhere Reichweite, mehr Laderaum und deutlich kürzere Ladezeiten. Bei einer durchschnittlichen Autobahngeschwindigkeit von 130 Stundenkilometern biegen wir alle 300 Kilometer zum Nachladen ab und starten nach 25 Minuten auf die nächste Teiletappe. Wir werden sogar automatisch zu einer anderen Ladesäule umgeleitet, wenn ein Supercharger – die Ladeparks, die Tesla seit Jahren betreibt und die lange nur für Tesla reserviert waren – ausgelastet ist. Das Wiederaufladen geht schnell, so dass gerade einmal genug Zeit ist, sich die

Beine zu vertreten und eine kurze Pause einzulegen. Für eine ausgiebige Mittagsrast reicht diese Zeit schon nicht mehr aus. Das System Tesla steht weiterhin Pate, wie Elektromobilität der Zukunft aussehen sollte: Großflächige Ladeparks sind über ganz Europa verteilt, das Laden ist denkbar einfach. Die Säule erkennt das Auto, und abgerechnet wird über die hinterlegten Kontodaten. Die Kosten sind dabei jederzeit in der Tesla-App einsehbar. Unnötig zu sagen, dass auch alle anderen Daten des Fahrzeugs bis hin zum Standort und der aktuellen Geschwindigkeit in der App verfügbar sind.

Vom Abenteuer Elektromobilität, wie wir es in den Anfangsjahren erlebt haben, ist nicht mehr viel übriggeblieben. Vielmehr ist es inzwischen schon fast langweilig, auf große Tour zu gehen. Ein wenig fehlt das Gefühl schon, einer von wenigen »Pionieren« zu sein, die eine neue Technik bedienen und fernab der Heimat ohne große Reichweite und schnelle Lademöglichkeit unterwegs sind. Dass die Elektromobilität inzwischen für viele Menschen alltagstauglich ist, erfreut uns aber umso mehr. Der Umstieg ist unbedingt notwendig und die Akzeptanz in der Bevölkerung steigt mit jeder neuen Fahrzeuggeneration.

WÄRMEPUMPE

FUNKTIONSWEISE UND SYSTEME

»Eine Stromheizung kann nicht zu 65 Prozent regenerativ arbeiten – wir haben doch erst einen Anteil von 50 Prozent an erneuerbaren Energien im deutschen Stromnetz!« Sätze dieser Art sind häufig an Deutschlands Stammtischen aber auch in Talkshows mit hochrangigen Politikern zu hören. Viele Menschen stellen sich die Frage: »Wie soll die Wärmewende eigentlich funktionieren?«

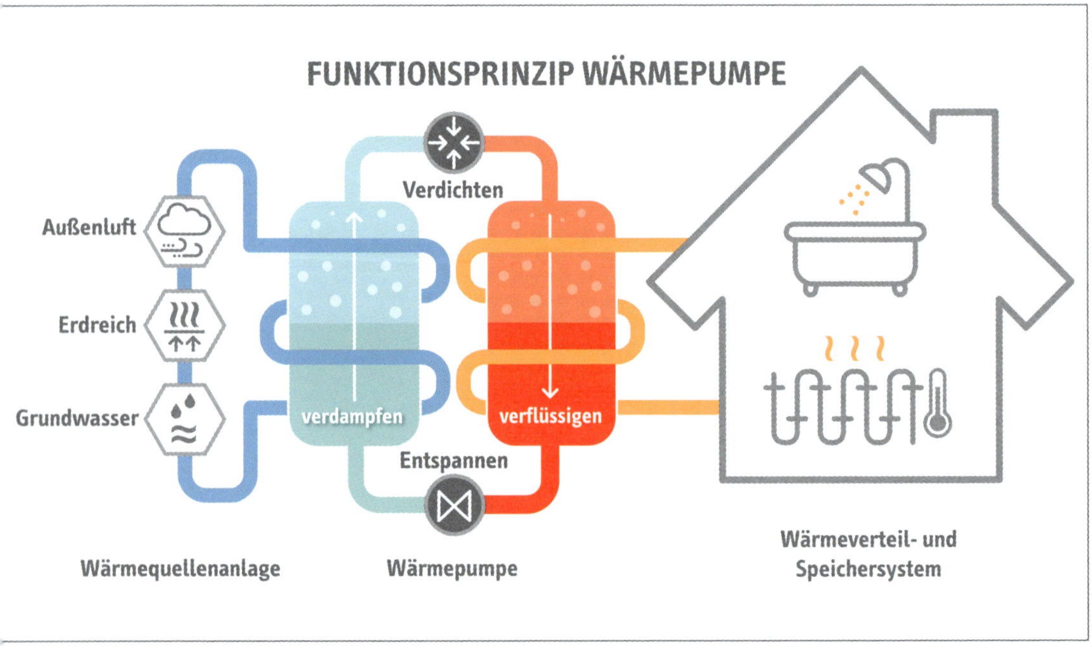

Eine Wärmepumpe arbeitet nach dem Prinzip eines Kühlschranks – nur andersherum.

Im Mittelpunkt vieler Debatten steht die Wärmepumpe - eine strombetriebene Heizung, die im aktuellen Gebäude-Energie-Gesetz (GEG) eine Schlüsselrolle einnimmt. Das GEG beinhaltet zahlreiche Maßnahmen, mit denen der Wärmesektor in Deutschland bis zum Jahr 2045 klimaneutral werden soll.

Doch wieso wird die Wärmepumpe pauschal als gesetzeserfüllend angesehen, obwohl der deutsche Strom zur Hälfte immer noch mittels Kohle- und Gaskraftwerken erzeugt wird und europaweit einer der »schmutzigsten« ist? Aufklärung bringt der Blick auf die Funktionsweise dieser Stromheizung, die auch oft mit dem »Prinzip Kühlschrank - nur andersherum« beschrieben wird. Ein Kühlschrank entzieht Lebensmitteln Wärme und gibt diese über Kühlbleche oder Lamellen an der Rückseite des Gerätes an die Umgebungsluft ab. Eine Wärmepumpe wiederum entzieht der Außenumgebung Wärme und macht diese zum Heizen im Haus nutzbar.

Es gibt verschiedene Arten, wie Wärmepumpen dieses Funktionsprinzip erfüllen. Bei der Luftwärmepumpe ist die Wärmequelle die Umgebungsluft. Bei der Erdwärmepumpe das flächige oder tiefe Erdreich.

Die entnommene thermische Energie erwärmt ein flüssiges Kältemittel, welches dadurch seinen Aggregatzustand in gasförmig ändert. Das häufig verwendete Kältemittel Propan (R290) hat seinen Siedepunkt zum Beispiel bei -42 Grad. Hat die Umgebungsluft eine Temperatur von 0 Grad, ist dieser Punkt weit überschritten. Mit dem eingesetzten Strom wird ein Kompressor angetrieben, der das gasförmige Kältemittel komprimiert und somit weiter erhitzt. Das Prinzip ähnelt dem einer Fahrradluftpumpe: Das Ventil wird warm, wenn gepumpt wird. Die entstehende Wärme wird an ein Heizmedium abgegeben und erwärmt das Haus. Durch die Abgabe der Wärme verflüssigt sich das Kältemittel wieder und der Prozess startet von neuem.

Das Medium ist in den meisten Fällen Wasser, welches üblicherweise in Verbindung mit Heizkörpern oder Fußbodenheizungen zum Einsatz kommt. Man spricht in diesem Fall von einer Luft-Wasser-Wärmepumpe. Die Wärme wird der Luft entnommen und dem Wasser zugeführt. Die Alternative ist eine Luft-Luft-Wärmepumpe, auch als Klimaanlage bekannt. Hierbei ist Luft, die in die Innenräume geblasen wird, das Trägermedium für die erzeugte Wärme.

Günstige Alternative: die Luft-Luft-Wärmepumpe, besser bekannt als Klimaanlage.

Im Gegensatz zur Luft-Wasser-Wärmepumpe, die zentral einen Heizkreis für das gesamte Gebäude versorgt, können die Klimageräte als kostengünstige Ergänzung zu einer fossilen Heizung genutzt werden und insbesondere Zimmer erwärmen, die nicht permanent auf wohnlichen Temperaturen gehalten werden sollen. Der Vorteil: Durch die ausströmende warme Luft reagieren diese Systeme deutlich schneller als wassergeführte Modelle. Der Nachteil ist, dass oft ein Gerät nicht ausreicht, um das komplette Haus zu erwärmen.

COP UND JAZ – DIE EFFIZIENZ DER WÄRMEPUMPE

Es gibt zwei Werte, die die Effizienz einer Wärmepumpe beschreiben. Der *COP (Coefficient of Performance)* beschreibt das Leistungsverhältnis zwischen eingesetztem Strom und entnommener Umgebungswärme, um eine bestimmte Menge bei einer definierten Außentemperatur zu erzeugen.

Die Arbeitszahl gibt das durchschnittliche Verhältnis von Strom zu entnommener Umgebungswärme in einem bestimmten Zeitraum an. Moderne Wärmepumpen erreichen je nach Außentemperatur eine Jahresarbeitszahl (JAZ) zwischen drei und vier und sogar darüber hinaus. Mit einer Einheit Strom werden also drei bis vier Einheiten Wärme gewonnen. An kalten Tagen liegt die Arbeitszahl tiefer, bei milden Außentemperaturen höher als der Durchschnitt.

Mit diesem Prinzip erreicht die Wärmepumpe über den Jahresverlauf einen deutlich höheren Anteil an regenerativer Energie zum Beheizen der Gebäude als die im Gesetz vorgeschriebenen 65 Prozent. Allein der Anteil der Umgebungswärme liegt höher. Dazu kommt der Anteil an Grünstrom im Stromnetz, auch wenn dieser im Winter marginal geringer ist als im Sommer.

Wer seine Wärmepumpe optimal eingestellt hat, kann sich über eine hohe Effizienz freuen.

HEIZKURVE & CO: DIE OPTIMALE EINSTELLUNG DER WÄRMEPUMPE

Wie bei jeder wassergeführten Heizung gibt es auch bei der Wärmepumpe mehrere Stellschrauben, an denen der Heizbetrieb justiert werden kann. Diese können von Hersteller zu Hersteller unterschiedlich heißen und mit unterschiedlichen Maßeinheiten ausgeprägt sein. Das physikalische Prinzip dahinter ist aber gleich. Es lohnt ein Blick ins Handbuch, um die individuellen Einstellungen vorzunehmen. Auf diese Möglichkeiten wollen wir an dieser Stelle genauer eingehen. Sie gelten für jede wassergeführte Heizung.

1. **Die Heizkurve** ist eine Kennlinie für den Heizungsbetrieb, die sich an der Außentemperatur orientiert und die Vorlauftemperatur des zu erwärmenden Wassers reguliert. Je nach gemessener Außentemperatur gibt die

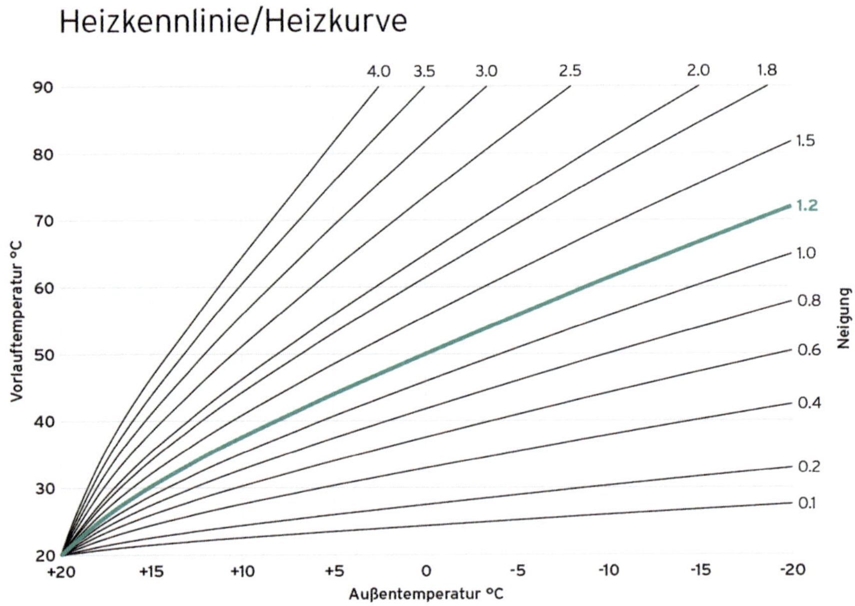

Quelle: Vailant

Kurve der Heizung vor, wie warm das Wasser bereitet werden soll. Die Heizkurve wird in ihrer Steilheit eingestellt. Je flacher sie ist, desto geringere Änderungen an der Temperatur des zu erwärmenden Wassers werden vorgenommen. Insbesondere bei Flächenheizungen und gut gedämmten Gebäuden ist diese Kurve sehr flach, da die benötigte Energie weniger von der Außentemperatur abhängt. In älteren Bestandsbauten mit Heizkörpern muss die Kurve steiler eingestellt werden. Bei tieferen Außentemperaturen braucht es schlicht wärmeres Heizwasser, um das Haus bei einer konstanten Temperatur zu halten.

Der *Fußpunkt* der Heizkurve dient dazu, diese parallel zu verschieben. Im Gegensatz zur Steilheit, die die Änderungen auf wechselnde Außentemperaturen regelt, geht es bei der Einstellung des Fußpunktes um das allgemeine Temperaturniveau. Ist es in der Wohnung permanent zu kalt oder zu warm, muss der Fußpunkt angepasst werden.

2. **Faustformel für Heizkurve und Fußpunkt:** Zur Orientierung, wie mit der Kombination aus Heizkurve und Fußpunkt agiert wird, gibt es vier Regeln zur Anpassung der Wohnraumtemperatur:

AUSSENTEMPERATUR	WOHNBEREICH	MASSNAHME
-5 Grad	Ok	Heizkurve flacher einstellen und Fußpunkt anheben
+5 Grad	Zu kalt	
-5 Grad	Ok	Heizkurve steiler einstellen und Fußpunkt absenken
+5 Grad	Zu warm	
-5 Grad	Zu kalt	Heizkurve steiler einstellen und Fußpunkt absenken
+5 Grad	Ok	
-5 Grad	Zu warm	Heizkurve flacher einstellen und Fußpunkt anheben
+5 Grad	Ok	

3. **Die Hysterese** gibt an, ab welcher Temperaturabweichung mit dem Nachheizen gestartet werden soll. Dies gilt sowohl für das Heiz- wie auch das Brauchwasser. Über die Einstellung der Hysterese kann das Wärmeerzeugungsverhalten der Heizung beeinflusst werden.

4. **Mit der Heizgrenze** wird angegeben, ab welcher Außentemperatur die Heizung kein Wasser mehr erwärmt. Auch diese Einstellung hängt stark vom Dämmstandard des Gebäudes ab.

5. **Die Nachtabsenkung** ist ein Teil der Wochenplanung. In Zeiten, in denen diese Funktion genutzt wird, stellt die Heizung den Betrieb ein, bis die für die Nachtabsenkung festgelegte Temperatur erreicht ist. Mit einer Flächenheizung kann eine Abschaltzeit über mehrere Stunden kompensiert werden, ohne dass ein Temperaturverlust spürbar wird, da das Material der Fläche die Wärme nur langsam an die Umgebung abgibt. Bei Heizkörpern sollten man sensibler mit dieser Einstellung umgehen. Grund: Ein zu starkes Auskühlen, insbesondere der Raumwände, kann zu einem unverhältnismäßig hohen Energieaufwand beim Wiederanfahren der Heizung führen.

Es gibt je nach Modell und Heizungstyp noch weitere Einstellmöglichkeiten. Aber das Zusammenspiel dieser sechs Komponenten stellt die hohe Kunst der Heizungskonfiguration dar. Eine Herausforderung für jeden Installateur, da jedes Gebäude unterschiedlich reagiert. Dabei ist die Physik aber unbestechlich und gibt einen groben Trend vor. Die Justierungsmöglichkeiten sollten aber keinesfalls unterschätzt werden.

HYDRAULISCHER ABGLEICH – WAS IST DAS?

Eine der Voraussetzungen zum Erhalt von Fördermitteln ist die Durchführung eines »hydraulischen Abgleichs«. Aber auch ohne diese Vorschrift ist ein solcher Abgleich sinnvoll, denn nur so kann die Heizungsanlage optimal eingestellt werden. Weil das so wichtig ist, werden wir den Vorgang ausführlich beschreiben.

Hydraulik (altgriechisch von »Wasser« und »Rohr«) bezeichnet die Technik der Verwendung von Flüssigkeiten zur Übertragung von Signalen, Kraft oder – wie bei der Heizung – Energie.

Das Ziel des hydraulischen Abgleichs einer Heizungsanlage ist es, dafür zu sorgen, dass keinem Heizkörper, egal ob flächigem Fußboden oder klassischem Wandheizkörper, mehr Energie in Form von aufgeheiztem Wasser zugeführt wird als zur Erreichung der gewünschten Zieltemperatur zwingend nötig ist. Das wird dadurch gewährleistet, dass für jede Heizeinheit die maximale Durchflussmenge auf das Optimum eingeregelt wird. Moderne Heizungsventile können nicht nur über das Thermostat geregelt werden, sondern sie haben zusätzlich justierbare, hinter dem Thermostat »versteckte« Einsteller zur Durchflussmengenbegrenzung. In der Regel werden die Werte für den hydraulischen Abgleich auf theoretischer Basis ermittelt und voreingestellt: Ausgehend von der maximalen Vorlauftemperatur (circa 35 Grad bei Fußbodenheizungen, circa 55 Grad bei Heizkörpern), der vom Kunden gewünschten maximalen Raumtemperatur sowie Größe und Isolierung der Wände, wird für jeden Raum ein Wärmebedarf errechnet und der maximale Durchlauf so begrenzt oder erhöht, dass jeweils der Wunschwärmegrad, auch bei niedrigen Temperaturen, erreicht wird.

Mit der richtigen Einstellung der Heizung können die Energiekosten massiv gesenkt werden.

In der Praxis ist der hydraulische Abgleich ein längerer Prozess und für Installationsbetriebe nur schwer umzusetzen. Er erfordert zwar nicht viel handwerkliches Geschick, aber eine intensive Beschäftigung mit den Einstellungen der Heizung. Der hydraulische Abgleich führt jedoch zu einer Optimierung der Anlage und damit verbunden zu einer teils erheblichen Senkung der Heizkosten, der Aufwand lohnt sich also.

Wer sich selbst damit beschäftigen möchte, findet hier die Vorgehensweise, wobei »Heizkörper« immer auch für »Heizflächen« bei Fußbodenheizungen steht: Notwendig sind einige Tage absehbar ähnliche Wetterbedingungen in der Heizperiode. Bei möglichst niedriger Außen- und entsprechend hoher Vorlauftemperatur des Wassers werden alle Heizungsventile voll aufgedreht und die Thermostatventile für den Abgleich demontiert. Die dahinter befindlichen Durchflussbegrenzer (zum Beispiel eine Art »Einstell-Mutter« mit aufgeprägten Zahlen) werden auf den höchsten Wert eingestellt. Alle Türen in der Wohnung oder im Haus sollten geschlossen bleiben, um jeden Raum individuell betrachten zu können. Einige Raumthermometer sind erforderlich.

Nun beobachtet man die Temperatur in den Zimmern. Ist sie zu hoch, verändert man an der Heizungseinstellung die Vorgabe für Fußpunkt und Heizkurve – wie oben beschrieben – so nach unten, dass die Temperatur in einem der Räume gerade noch den gewünschten Zielwert erreicht. Ist sie zu niedrig, erhöht man die Einstellung so lange, bis in allen Zimmern beziehungsweise im gesamten Haus mindestens die Zieltemperatur herrscht. In beiden Fällen sind jetzt einige Räume »überheizt«. Deswegen beginnt man schrittweise, den Durchfluss an diesen Heizkörpern zu begrenzen, bis die für das jeweilige Zimmer gewünschte Maximaltemperatur erreicht ist.

Damit ist jetzt sichergestellt, dass kein Heizkörper mehr kostbares, womöglich unnütz erwärmtes Heizwasser bekommt, als für den individuellen Bedarf nötig ist. Eigentlich könnte man die Heizung nun auch ohne Thermostatventile betreiben, wenn man diese Temperaturen auf Dauer konstant beibehalten möchte. Die

Ventile werden nun wieder aufgesetzt, bleiben aber vorerst auf der Einstellung »maximal«, denn die Raumtemperaturen sind ja bereits optimal justiert. Bei steigenden Außentemperaturen kann es passieren, dass einzelne Räume zu stark oder auch zu wenig beheizt werden. In diesem Fall muss die Heizkurve der Anlage in den Einstellungen angepasst werden. Sind alle maximalen Wunschtemperaturen erreicht, werden die Thermostatventile wieder aufgesetzt. Diese dienen nun nur noch der Temperaturbegrenzung nach unten, können aber selbst bei höchster Einstellung nicht mehr zu einem Überhitzen der Räume führen, was zu einem großen Energiespareffekt führt. Der manuelle hydraulische Abgleich ist aufwendig und bedarf einer etwas intensiveren Beschäftigung mit dem Gesamtsystem Haus/Heizungsanlage. Aber an einem langen Winterwochenende kann dieser Vorgang – zumindest bei konventionellen Heizkörpern – relativ schnell erledigt sein. Im Lauf eines Monats mit schwankenden Temperaturen sollte ein perfektes Ergebnis vorliegen.

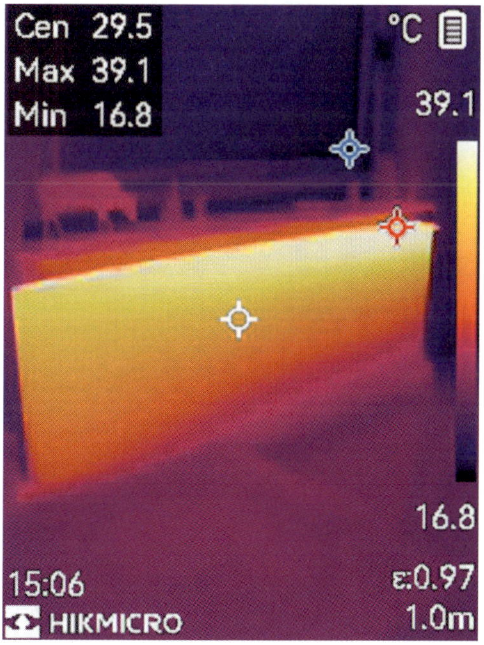

Auf dem Wärmebild ist erkennbar, wie das Wasser mit der Vorlauftemperatur 39 Grad oben rechts einströmt, sich über die gesamte Heizfläche von oben nach unten abkühlt und dann unten links abgekühlt in den Rücklauf fließt.

Mit einer einfachen und günstigen Wärmebildkamera kann der Wärmefluss in jedem Heizkörper dargestellt und beurteilt werden. Solche Kameras gibt es ebenfalls als günstigen Aufsatz für Smartphones. So wird auch die Einstellung der Durchflussbegrenzung beschleunigt.

Auch bei Fußbodenheizungen sind Wärmebildkameras äußerst sinnvoll, denn der Verlauf der Heizschlangen im Fußboden wird genau erkennbar.

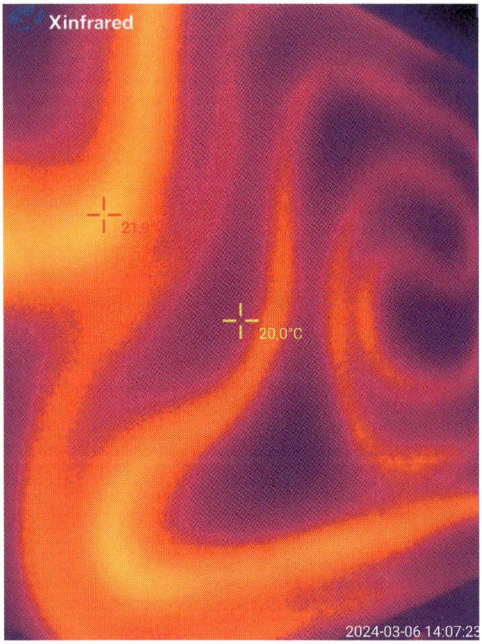

Die Heizschlangen einer Fußbodenheizung, aufgenommen mit der Wärmebildkamera.

Der hydraulische Abgleich bei einer Fußbodenheizung ist etwas langwieriger. Die Wärme wird an die Fläche, beispielsweise den Estrich des Fußbodens abgegeben, und ist somit in der Temperaturregelung träger als herkömmliche Heizkörper. Vorgenommene Änderungen werden also wesentlich langsamer messbar.

Der Vorteil ist, dass Flächenheizungen wegen ihrer großen Abstrahlfläche eine deutlich geringere Vorlauftemperatur des Heizwassers benötigen. Das bedeutet, dass der Unterschied zwischen Außentemperatur und Temperatur des Heizwassers kleiner ist. Je niedriger die notwendige Vorlauftemperatur des Heizwassers, desto effizienter die Wärmepumpe.

WIE GROSS SOLLTE DIE WÄRMEPUMPE SEIN?

Aktuelle, wassergeführte Heizsysteme – egal ob mit Wärmepumpe, Gas- oder Ölheizung als Wärmeerzeuger – stammen aus einer Zeit, als die Energiebeschaffung noch nicht hinterfragt wurde. Die Vorräte schienen unerschöpflich und die Preise waren dementsprechend niedrig. Um die effiziente Laufweise einer Heizung hat sich in den 1970er-Jahren niemand Gedanken gemacht. Das Haus wurde warm, darauf kam es an.

Dementsprechend überdimensioniert sind auch die meisten fossilen Heizungen. Unsere Gastherme hatte eine Heizleistung von 19 Kilowatt. Die 2022 installierte Wärmepumpe kommt mit 7 Kilowatt aus – nicht einmal die Hälfte der Leistung. Und das Haus ist genauso warm wie zu Zeiten der Gastherme. Bei fossilen Heizungen ist eine Überdimensionierung unproblematisch. Teilweise gibt es Gasthermen und Ölheizungen nicht im einstelligen Kilowattbereich. Bei einer Wärmepumpe führt eine falsche Auslegung aber zu erheblichen Effizienzeinbußen und damit zu hohen Energiekosten. Nicht umsonst wird die Wärmepumpe als die Diva unter den Heizungen bezeichnet. Moderne Wärmepumpen werden mit sogenannter Inverter-Technologie ausgestattet. Das bedeutet, dass die Wärmepumpe je nach benötigter Heizenergie ihre Leistung in einem bestimmten Bereich stufenlos regeln kann. Ist es draußen kalt, wird viel Leistung abgefordert, bei milden Temperaturen entsprechend weniger. Das Gegenstück, Wärmepumpen, die immer nur auf derselben Stufe laufen und sich permanent abschalten, wenn ausreichend Wärmeenergie erzeugt wurde, sind heute nicht mehr gängig.

Eine zu kleine Stromheizung bekommt das Gebäude nicht ausreichend auf Temperatur gebracht. Das führt dazu, dass sie lange Zeit auf Höchstleistung läuft und der Heizstab im Zweifelsfall sehr häufig zum Einsatz kommt. So wird die Effizienz und daraus resultierend die Wirtschaftlichkeit der Wärmepumpe zerstört.

Wählt man die Pumpe zu groß, produziert sie zu viel Wärme, die nicht abgeführt werden kann. Resultat: Da die Wärmepumpe mit der benötigten Leistung nicht weit genug herunter modulieren kann, schaltet sie sich ab, bis wieder für ihren Betriebsbereich ausreichend Wärme abgerufen wird. Sie beginnt zu takten. Das Ein- und Ausschalten des Kompressors limitiert die Lebenserwartung der Pumpe.

Die Größe einer Wärmepumpe richtet sich nach der nötigen Heizleistung.

Daher sollte das Gerät so genau wie möglich an die Heizlast des Gebäudes angepasst und so eingestellt werden, dass sie möglichst lange durchlaufen kann. Sacken die Außentemperaturen auf deutlich unter –10 Grad ab, wird ein Einsatz des Heizstabes kaum vermeidbar sein. Ebenso wird ein Takten bei über 10 Grad nicht zu verhindern sein. Da dies aber eher die winterlichen Extremtemperaturen sind und der Großteil der Heizperiode zwischen diesen Werten liegt, sollte der Einsatz der Wärmepumpe darauf abgestimmt werden, damit sie möglichst lange effizient heizt.

INDIVIDUELLER SANIERUNGSFAHRPLAN (iSFP)

Ob für das eigene Objekt eine Wärmepumpe sinnvoll eingesetzt werden kann, oder was am Gebäude eventuell noch gemacht werden muss, sollte man als Laie unbedingt mit einem Experten besprechen. Ein Energieberater kann anhand von Bauunterlagen und Heizkostenabrechnungen in einem Vor-Ort-Termin gut abschätzen, welche zukunftssichere Lösung im Einzelfall die beste ist.

Als unsere Gasbrennwerttherme aus dem Jahr 2003 nach 18 Jahren Betrieb immer mehr Probleme bereitete, entschlossen wir uns Ende 2021 dazu, den Einsatz einer Wärmepumpe prüfen zu lassen. Obwohl unser U-förmiger Bungalow Baujahr 1983 noch keinerlei energetische Ertüchtigung erfahren hatte, schien uns das auch mit Blick auf unsere große Photovoltaikanlage eine gute Lösung zu sein.

Zehn Jahre nach Erwerb unserer Immobilie stand die Anschlussfinanzierung an, und wir wollten mit der Bank eine Aufstockung vereinbaren. Dazu mussten wir aber zunächst wissen, was bei unserem Gebäude Sinn ergibt und was uns welche Maßnahme kosten würde. Die Folge: Es wurde ein Energieberater zur Einschätzung unserer Möglichkeiten beauftragt. Schnell war uns klar, dass aus diesem Haus kein Effizienzgebäude im Sinne der Gebäude-Energieverordnung werden wird, was zum damaligen Zeitpunkt weitere Fördergelder vom Staat gebracht hätte. Da wir schon 15 Zentimeter Dämmung in unserem Holzflachdach und 10 Zentimeter Außenwanddämmung verbaut hatten, wäre eine kostenintensive Aufstockung dieser Bestandteile der Gebäudehülle nicht wirtschaftlich darstellbar gewesen. Allein die Dachsanierung wurde von einem Zimmerermeister mit über 60 000 Euro Kosten eingeschätzt.

Der Energieberater kann einen individuellen Sanierungsfahrplan (iSFP) erstellen.

Trotzdem wurde vom Energieberater wie vereinbart ein individueller Sanierungsfahrplan (iSFP) für unser Haus erstellt. Der iSFP ist in drei Sanierungsabschnitte aufgeteilt. Dort tauchten unter anderem auch jene angesprochenen Dach- und Wanddämmungen wieder auf. Verpflichtend ist die Umsetzung der im Fahrplan aufgelisteten Maßnahmen indes nicht. Beschrieben wird unter anderem, wann die Umsetzung welcher Schritte am sinnvollsten ist. Der richtige Weg beim Umstieg von einer fossilen Heizung auf eine Wärmepumpe wäre zunächst die Umsetzung aller geplanten Sanierungsmaßnahmen gewesen. Denn die Effizienz einer Wärmepumpe hängt stark von deren korrekter Leistungsauslegung ab. Allerdings »zwang« uns unsere Gastherme zum schnellen Handeln. Mehrere Notdiensteinsätze am Wochenende bei -10 Grad schlagen schnell ins Geld. Und das sind in der Regel die Zeiten, in denen Heizungen havarieren.

Maßnahmenpaket Nummer eins mit kurzfristiger Umsetzung unseres iSFP war der Tausch der Heizung, und damit zusammenhängend auch die Warmwasserbereitung. Erst in Paket zwei der dringenden Aufgaben standen der Tausch der Fenster und zudem eine neue Haustür. Sanierungspaket drei beinhaltete schließlich die Dämmung von Kellerwänden, Außenwänden und Dach.

Der iSFP ist in verschiedene Sanierungsabschnitte und Maßnahmenpakete unterteilt.

Quelle: iSFP

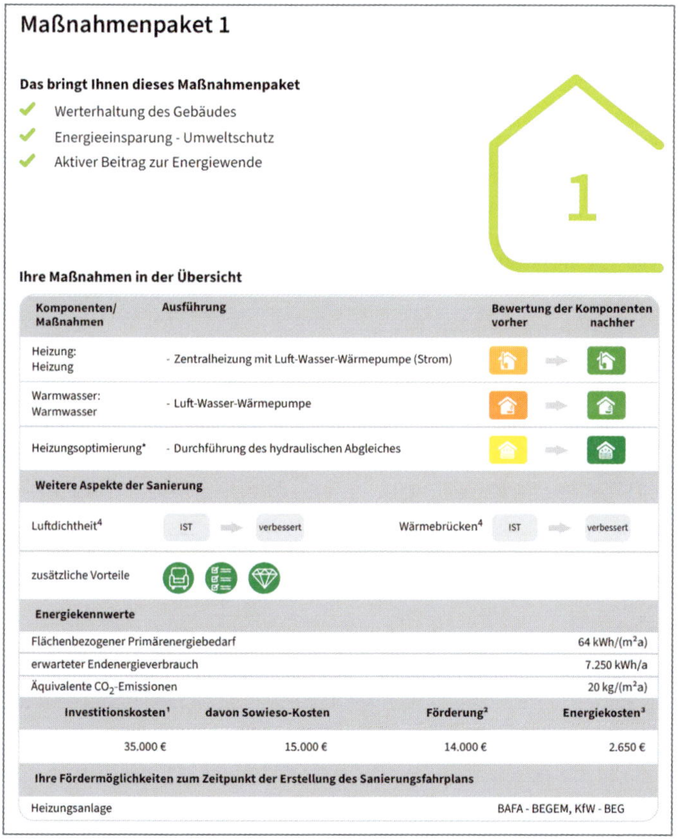

Maßnahmenpaket 1

Das bringt Ihnen dieses Maßnahmenpaket

- ✓ Werterhaltung des Gebäudes
- ✓ Energieeinsparung - Umweltschutz
- ✓ Aktiver Beitrag zur Energiewende

1

Ihre Maßnahmen in der Übersicht

Komponenten/ Maßnahmen	Ausführung	Bewertung der Komponenten vorher	nachher
Heizung: Heizung	- Zentralheizung mit Luft-Wasser-Wärmepumpe (Strom)		
Warmwasser: Warmwasser	- Luft-Wasser-Wärmepumpe		
Heizungsoptimierung*	- Durchführung des hydraulischen Abgleiches		

Weitere Aspekte der Sanierung

Luftdichtheit[4]	IST → verbessert	Wärmebrücken[4]	IST → verbessert
zusätzliche Vorteile			

Energiekennwerte

Flächenbezogener Primärenergiebedarf	64 kWh/(m²a)
erwarteter Endenergieverbrauch	7.250 kWh/a
Äquivalente CO_2-Emissionen	20 kg/(m²a)

Investitionskosten[1]	davon Sowieso-Kosten	Förderung[2]	Energiekosten[3]
35.000 €	15.000 €	14.000 €	2.650 €

Ihre Fördermöglichkeiten zum Zeitpunkt der Erstellung des Sanierungsfahrplans

Heizungsanlage	BAFA - BEGEM, KfW - BEG

Da wir zuerst die Heizung tauschten, konnten wir nun anhand unserer aktuellen Verbrauchszahlen mit der Wärmepumpe und den im iSFP angegebenen Kosten sowie dem Einsparpotential für die weiteren Maßnahmen genau bestimmen, was sich für uns wirtschaftlich lohnen und welche Maßnahme wir nie wieder »reinheizen« würden.

Wir sind also den umgekehrten Weg gegangen, haben uns mehrere Heizungsinstallateure in unseren unsanierten Bungalow eingeladen und unseren Willen zum Umstieg auf ein regenerativ betreibbares Heizsystem bekundet. Dank des Sanierungsfahrplans und der Einschätzung des Energieberaters konnten wir dem Wärmeexperten für die Heizlastberechnung mit auf den Weg geben, dass die Fenster noch getauscht werden und was diese Maßnahme ungefähr noch zusätzlich an Energie einsparen würde.

Hilfreich war hierbei auch, dass wir die Verbrauchswerte unserer Gastherme über die letzten zehn Jahre aufgezeichnet hatten. Mit all diesen Werten wurde eine Heizlastberechnung angefertigt. Ergebnis: 8 Kilowatt. Von der angebotenen Marke gab es Geräte mit 7 und 10 Kilowatt. Wir entschieden uns in Absprache mit dem Installateur und im Hinblick auf den noch ausstehenden Fenstertausch für das kleinere Modell.

Alle in unserem iSFP aufgeführten Maßnahmen werden neben den üblichen 15 Prozent Förderung für Sanierungs-Einzelmaßnahmen zusätzlich mit 5 Prozent subventioniert. Bedingung: Die Maßnahmen müssen innerhalb von 15 Jahren nach Erstellen des iSFP umgesetzt werden.

WENIG PLATZ – WOHIN MIT DER AUSSENEINHEIT?

Wir konnten problemlos von der Gasheizung auf die Wärmepumpe umrüsten, da wir ein freistehendes Einfamilienhaus besitzen. Schwieriger wird die Situation, wenn der Platz begrenzt ist und die Nachbarn nah sind. Aber auch in Reihenhaussiedlungen tauchen inzwischen die ersten Außeneinheiten der Wärmepumpen auf. Zu beachten ist hier, was die Technische Anleitung (TA) Lärm im jeweiligen Bundesland zu Abstand und Lautstärke vorgibt.

Für unser Bundesland Schleswig-Holstein gilt aktuell noch: Die Außeneinheit muss mindestens drei Meter Abstand zum Nachbargebäude haben und nachts eine Lautstärke von 35 Dezibel nicht überschreiten. Neben der Effizienz und der Verfügbarkeit sollte hier auch auf die Betriebslautstärke der Wärmepumpe geachtet werden. Im Zweifel ist ein Vorgespräch mit den Nachbarn immer von Vorteil.

Bei dieser Indoor-Wärmepumpe führen lediglich zwei große Rohre nach außen. Eine Außeneinheit ist nicht vorhanden.

Es gibt geräuscharme Alternativen. Während eine Erdwärmepumpe wegen des Platzbedarfs für die Tiefen- oder Flächenverlegung im Reihenhaus eher schwierig wird, ist eine *Indoor*-Wärmepumpe eine Alternative. Hier wird die komplette Technik im Keller oder auf dem Dachboden verbaut und nur zwei circa 40 Zentimeter dicke Rohre sorgen für den Luftaustausch auf der Außenseite der Gebäudehülle.

Es ist also möglich, Wärmepumpen in schwierigen Situationen einzusetzen, ohne Sanierungsmaßnahmen im sechsstelligen Bereich durchzuführen. Ein Energieberater kann hier wertvolle Hilfestellung leisten. Die Erstellung eines individuellen Sanierungsfahrplans verrät, welche Maßnahme zu welchen Einsparungen führt, und erhöht die Förderung von Sanierungen. Holt man sich dann Angebote für die ermittelten Maßnahmen ein, kann man gut abschätzen, welche Modernisierung der Gebäudehülle sich lohnt und welche Kosten nicht wieder hereingeheizt werden können.

UNSER WEG ZUR WÄRMEPUMPE

Heizungen gehen gerne im Winter kaputt – das war auch bei uns der Fall. In der warmen Jahreshälfte lief unsere Gastherme, mit der wir auch warmes Wasser erzeugten, stets problemlos. Dann kam der Winter 2020/2021, und die Temperaturen sackten ins zweistellige Minus ab. Mehrmals stellten wir morgens fest, dass es im Haus über Nacht ungemütlich kalt geworden war. Fröstelnd stiegen wir in den Keller hinab, um festzustellen, dass die Gasheizung nicht mehr lief.

Erstaunlicherweise häuften sich die Probleme mit unserer Heizung, nachdem unser langjähriger Heizungsbauer in Rente gegangen war. Jahr für Jahr hatte er sein »Schätzchen«, das er Anfang des Jahrtausends selbst eingebaut hatte, gewartet und in Schuss gehalten. Nie gab es Probleme. Einmal musste die Steuerungseinheit wegen eines defekten Displays getauscht werden – aber über eine unzureichende Wärmeversorgung konnten wir nie klagen.

Die Fehlersuche gestaltete sich als schwierig, denn die Sicherung löste ständig aus. Nachdem diverse Bauteile getauscht worden waren und trotzdem immer wieder Probleme auftraten – gerne auch am Sonntagmorgen –, war irgendwann klar: Die 17 Jahre alte Brennwerttherme muss ausgetauscht werden. Doch gegen was?

Die gesetzlichen Vorschriften für neue Heizsysteme waren damals moderat, wir hatten also die freie Wahl. Erst ab Juli 2022 sah das schleswig-holsteinische Energiewende- und Klimaschutzgesetz einen regenerativen Anteil von 15 Prozent an der Wärmeproduktion vor. Vielfach wurde diese Vorgabe durch die Kombination einer Gas- oder Ölheizung mit einer Solarthermie zur Wärmegewinnung aus Sonnenstrahlung erfüllt.

HYBRIDES SYSTEM ODER REIN ELEKTRISCH HEIZEN?

Schon ein paar Jahre zuvor hatten wir das Thema elektrische Heizung im Blick. Zunächst dachten wir aber an die Anschaffung einer Brauchwasserwärmepumpe, kombiniert mit der Gastherme. Der Grund: Im Sommer hätte der Photovoltaikstrom für den Betrieb der Brauchwasserwärmepumpe verwendet werden können, die Gastherme hätte nur im Winter laufen müssen. Dann erweiterten wir den Betrachtungshorizont auf eine Hybridheizung, bei der die bestehende Gastherme um eine leistungsschwächere Wärmepumpe ergänzt wird, die bei moderaten Außentemperaturen den Heizungsbetrieb übernimmt.

Unser Plan hatte auf den ersten Blick gleich mehrere Vorteile:

1. **Günstige Anschaffungskosten:** Das vorhandene Heizungssystem kann weiterverwendet werden. Es wird nur um die Komponenten der Wärmepumpe ergänzt.

2. **Effizienter Einsatz:** Die Wärmepumpe arbeitet effizient bei höheren Temperaturen, wie sie in unseren Breitengraden häufiger vorkommen. Fallen die Temperaturen deutlich, kann die Gastherme ihre Stärken ausspielen.

3. **Nutzung von Eigenstrom:** Da die Wärmepumpe vorzugsweise in den Übergangszeiten heizt und im Sommer warmes Wasser bereitet, kann sie überwiegend mit Strom aus der Photovoltaikanlage betrieben werden.

4. **Ausfallsicherheit durch zwei Heizsysteme:** Falls eine Heizung wegen eines Defekts ausfällt, kann die andere zunächst übernehmen, bis der Defekt behoben ist. So werden zumindest die teuren Notdiensteinsätze an Wochenenden vermieden.

Bei der Anschaffung eines neuen Heizsystems gibt es verschiedene Möglichkeiten.

Für uns klang das plausibel. Warum sind wir trotzdem von diesem Plan abgewichen und haben zwei Installationsfirmen gebeten, uns ein Angebot für den Komplettwechsel von Gas auf Strom zu erstellen?

Unsere Gastherme fiel immer häufiger aus, eine Reparatur erschien uns auch aufgrund der starken Verschleißerscheinungen vieler Komponenten nicht mehr sinnvoll. Sollten wir jetzt eine zu klein dimensionierte Wärmepumpe einbauen und in zwei oder drei Jahren dann vor der Entscheidung stehen, entweder das komplette Heizungssystem gegen eine größere Wärmepumpe zu tauschen oder wieder eine neue Gastherme einzubauen?

Für uns kam schließlich – auch wegen des im Februar 2022 begonnenen Russland-Ukraine-Konflikts – nur noch eine rein elektrische Lösung in Frage. Einerseits wollten wir komplett weg vom Gas, andererseits produzierten wir mit unserer damals noch 12 Kilowatt-Peak großen Photovoltaikanlage schon rund 8 000 Kilowattstunden Strom im Jahr, wovon fast 5 000 Kilowattstunden ins öffentliche Stromnetz eingespeist wurden. Mit der Anschaffung einer elektrischen Heizung erhofften wir uns eine Steigerung des Eigenverbrauchsanteils an unserem selbst erzeugten Strom. Uns fiel die Entscheidung recht leicht, denn es ging nicht nur um die Wirtschaftlichkeit des Heizsystems, sondern auch um dessen Nachhaltigkeit. Und das war auch der Ratschlag beider Installateure, die sich die Situation bei uns vor Ort angesehen hatten. Die Vorteile dieser Lösung:

1. **Niedrige Wartungskosten:** Wenn nur ein Heizungssystem verbaut ist, ist nur eine Wartung nötig.

2. **Eine Grundgebühr:** Da als Energieträger nur ein Medium, nämlich der elektrische Strom, zum Einsatz kommt, der neben der Heizung sowieso verwendet wird, muss auch nur eine Grundgebühr gezahlt werden. Mit Kündigung des Gasliefervertrags entfällt der Obolus für Lieferung und Gaszählerbetrieb. Das ist in der Regel ein niedriger dreistelliger Betrag jährlich.

3. **Stilllegung des Schornsteins:** Keine Abgase – kein Schornstein – kein Schornsteinfeger. Dieser muss höchstens dann noch kommen, wenn ein Ofen oder Kamin betrieben wird. Aber selbst in diesem Falle ergibt sich ein Einsparpotential von rund 50 Euro im Jahr. Auf 20 Jahre kommt auch hier eine Summe von 1 000 Euro zusammen.

4. **Höhere Förderung:** Seit 1. Januar 2024 gelten die neuen Fördersätze für Wärmepumpen. Unter anderem gibt es den sogenannten Geschwindigkeitsbonus. Dieser beträgt bis zum 31. Dezember 2028 20 Prozent der Komplettkosten für den Umstieg auf eine Wärmepumpe. Diese Zusatzförderung erhält aber nur, wer eine Ölheizung, eine Kohleheizung, eine Direktstromheizung oder eine mindestens 20 Jahre alte Gas- oder Biomasseheizung ausbauen und entsorgen lässt. Das bringt bei einem Investitionsvolumen von 30 000 Euro stolze 6 000 Euro staatliche Unterstützung. Näheres zu den Fördersätzen im entsprechenden Kapitel.

5. **Ausfallsicherheit:** Wärmepumpen in wassergeführten Heizsystemen haben eine eingebaute Ausfallversicherung. Sollte die Heizung selbst einmal nicht funktionieren, dann springt der Heizstab ein und übernimmt die Wärmeproduktion. Aber Vorsicht: Bei ausschließlichem Einsatz des Heizstabes entstehen hohe Stromkosten, da dieser im Gegensatz zur Wärmepumpe die Energie mit einer Arbeitszahl von 1 erzeugt, also aus einer Kilowattstunde Strom eine Kilowattstunde Wärme macht. Daher sollte dieser nur für den Notbetrieb zum Einsatz kommen und die Reparatur des Heizsystems schnellstmöglich durchgeführt werden.

Beide Lösungen haben also ihre Vorzüge. Die Hybridvariante muss inzwischen allerdings nachweislich die Forderungen des Gebäudeenergiegesetzes nach einer 65-prozentigen Verwendung von regenerativer Energie erfüllen. Wird ausschließlich eine Wärmepumpe genutzt, muss dieser Nachweis nicht erbracht werden.

DIE INSTALLATION UNSERER WÄRMEPUMPE

Auf unserem YouTube-Kanal »gewaltig nachhaltig« berichteten wir ausführlich über den Einbau unserer Wärmepumpe. Sieben Tage dauerten die Entkopplung vom öffentlichen Gasnetz, der Abbau der alten Therme sowie Einbau und Installation der neuen Heizung. Das Video, das wir in Anlehnung an ein erfolgreiches Social-Media-Format ums Überleben in der Wildnis *7 days versus Gas* nannten, erfreut sich noch immer großer Beliebtheit - auch, weil der Installateur vor der Kamera die Funktion der einzelnen Bauteile beschreibt und bereitwillig Antwort auf unsere Fragen gibt. Nach genau einer Woche - im November 2022 - war unsere Sektorenkopplung mit Eigenenergieerzeugung aus der Photovoltaikanlage, emissionsfreier Fortbewegung mit dem Elektroauto und strombasiertem Heizen mit der Wärmepumpe endlich abgeschlossen.

Nach einer Woche war der Umstieg auf die Wärmepumpe in unserem Haus vollzogen.

Der Platzbedarf im Inneren des Hauses hat sich durch den Einbau der Wärmepumpe nicht vergrößert. Der Grund: Der Hauptteil der Technik unserer Wärmepumpe steht draußen. Bei unserer »Monoblock-Variante« findet der komplette Heizvorgang in der Außeneinheit statt, und die Zuleitungen in unser Haus bestehen nur aus der Stromversorgung der Außeneinheit sowie den Heizungsrohren für den Vor- und Rücklauf.

Im Inneren des 1,10 x 1,00 x 0,50 Meter großen Gehäuses verrichten der Ventilator, der die Luft ansaugt, sowie der Kompressor und das Kühlmittel ihre Arbeit. Hier wird auch das Wasser erwärmt. Kurze Wege ins Innere des Gebäudes sind wichtig - die Außeneinheit sollte nicht zu weit von der Hauswand entfernt positioniert werden.

Der Abtauvorgang einer Wärmepumpe sieht vor allem an kalten Tagen oft spektakulär aus.

Parallel zu den Arbeiten im Haus wurde durch ein anderes Gewerk das Fundament für die Außeneinheit gegossen. In der Regel reicht hier ein Streifenfundament für die beiden massiven Standfüße aus. In unserem Fall wurde aber ein flächiges Fundament mit einem Abfluss angefertigt.

Warum der Abfluss? Wärmepumpen müssen bei sehr niedrigen Temperaturen, aber auch bei hoher Luftfeuchtigkeit häufiger enteist werden. Auch Kühlschränke sollten regelmäßig abgetaut werden – bei älteren Modellen erfolgt das Prozedere manuell, neuere Geräte haben eine Abtau- oder *NoFrost*-Automatik.

Dieser Vorgang sieht bei Wärmepumpen – auch bei unserem Modell – vor allem an kalten Tagen oft spektakulär aus. Zunächst ziehen kleine Rauchschwaden am Gehäuse hoch, kurze Zeit später wird daraus eine beeindruckende Dampfwolke, die mit einem Mal aus der Außeneinheit herausgepustet wird.

In unserem Fall fließt das Kondenswasser über den Abfluss in die Erde ab. Wer seine Außeneinheit an der Wand befestigt, muss auf jeden Fall dafür sorgen, dass das Wasser ins Erdreich (zum Beispiel in ein Kiesbett) sickern kann. Sonst besteht die Gefahr, dass sich bei Temperaturen unterhalb des Gefrierpunktes schnell eine Rutschbahn an der Außeneinheit bildet und im schlimmsten Fall das Eis den Ablauf verstopft.

Eine von uns extra georderte Besonderheit an unserer Heizungsanlage ist die funkgesteuerte Einzelraumregelung (ERR). Sie besteht aus funkgesteuerten Stellmotoren, die auf den Thermostaten der elf Heizkreise unserer Fußbodenheizung sitzen. Gesteuert werden sie von Temperatursensoren, die in unseren Wohnräumen positioniert sind. Dort wird die gewünschte Raumtemperatur eingestellt und permanent überprüft. Ist die Wohlfühltemperatur erreicht, sendet der Sensor das Signal in den Keller, und der Motor fährt das zugehörige Thermostatventil zu.

Wird der präferierte Wärmegrad unterschritten, öffnet sich der Heizkreis wieder. Wenn zum Beispiel an einem kalten, aber sonnigen Februartag die Sonne unser

Wohnzimmer aufheizt, dann wird das für diesen Raum zuständige Thermostatventil geschlossen und die Wärmepumpe verringert die Wärmebereitstellung.

Diese Lösung ersetzt bei unserer Heizung den langwierigen hydraulischen Abgleich. Effizienter ist das weiter oben beschriebene Verfahren des manuellen hydraulischen Abgleichs, da dadurch eine bessere Weiterleitung der von der Wärmepumpe produzierten Wärme gewährleistet und die Anzahl der Takte verringert wird.

HAT SICH DER UMSTIEG AUF DIE WÄRMEPUMPE IN UNSEREM BESTANDSBAU GELOHNT?

Nicht nur unsere eigene Praxiserfahrung zeigt inzwischen, dass moderne Wärmegeräte auch in nicht optimal gedämmten Bestandsgebäuden eingesetzt werden können, ohne dass die Kosten für den Strombedarf rasant ansteigen. Unser Bungalow hat einen Wärmeenergiebedarf von 160 Kilowattstunden pro Quadratmeter und Jahr. Wir haben mit unserer Wärmepumpe im ersten Winter weniger als 5 000 Kilowattstunden verbraucht.

Ein Drittel davon kam aus der eigenen Photovoltaik. Gekostet hat uns der Umstieg auf regeneratives Heizen nach Förderung 8 900 Euro mehr als eine Erneuerung unserer Gastherme.

Die Kosten für den Einbau unserer Wärmepumpe und die Zahlen für Heizung und Warmwasser 2023:

	KOSTEN	ENERGIEMENGEN
Installationskosten	31 500 €	
Förderung (BAfA) 40 %	12 600 €	
Kosten nach Förderung	18 900 €	
Alternativ: Kosten neue Gastherme	10 000 €	
Aufpreis Wärmepumpe statt Gasheizung	8 900 €	
Erzeugte Wärmemenge		18 365 kWh
Stromverbrauch Wärmepumpe		4 868 kWh
Davon aus dem Stromnetz für 30 ct	1 084 €	3 616 kWh
Davon aus der PV-Anlage für 10 ct*	152 €	1 252 kWh
Heizenergiekosten 2023	1 237 €	
Energiekosten ohne PV-Anlage	1 460 €	
GESCHÄTZTE KOSTEN MIT NEUER GASTHERME	**2 090 €**	

**Stromgestehungskosten mit der Photovoltaikanlage mit Speicher*

Ohne die Unterstützung durch die Photovoltaikanlage hätten unsere Heizenergiekosten im Jahr 2023 – einem temperaturmäßig recht durchschnittlichen Jahr in Norddeutschland – bei 1460 Euro gelegen. Mit unserer alten Gastherme aus dem Jahr 2003 lag der durchschnittliche Gasverbrauch bei 24 000 Kilowattstunden pro Jahr.

Hier wird deutlich, wie ineffizient unser altes System lief. Zu dem Gasverbrauch gesellte sich zudem ein nicht unerheblicher Anteil an Betriebsstrom für Heizungspumpen von rund 500 Kilowattstunden pro Jahr, die jetzt im Heizstrom für die Wärmepumpe miteingerechnet sind.

Natürlich hätten diese Werte auch bei uns im Falle der Installation einer neuen Gasheizung nach unten korrigiert werden müssen. Moderne Geräte erzeugen warmes Wasser mit einem Wirkungsgrad von 95 Prozent. Somit hätte unser Gasverbrauch mit einer neuen Therme bei 19 332 Kilowattstunden gelegen.

Trotzdem: Bei einem Gaspreis von 9 Cent pro Kilowattstunden wären wir auf Energiekosten von rund 1 740 Euro gekommen. Hinzu wären Gasgrundgebühr und Schornsteinfeger mit rund 200 Euro und der Stromverbrauch der Gastherme mit 150 Euro gekommen. Daraus hätten sich Gesamtkosten von rund 2 090 Euro ergeben.

Unser Beispiel und das vieler anderer Menschen, deren Energiekonzepte wir auf unserem YouTube-Kanal »gewaltig nachhaltig« vorstellen, zeigen also, dass eine Wärmepumpe auch im Bestand mit Heizkörpern zum Einsatz kommen kann. Wer sich in Ruhe mit der Thematik beschäftigt, sollte sich zunächst überlegen, welche Maßnahmen am und im Haus getätigt werden sollen, um die benötigte Heizenergie zu senken. Der korrekte Weg ist, zunächst zu sanieren und dann die Größe der Wärmepumpe zu wählen.

ENERGIEVERTEILUNG UND NETZDIENLICHKEIT

WAS PASSIERT, WENN ALLE MENSCHEN GLEICHZEITIG KOCHEN, HEIZEN UND IHR AUTO LADEN?

Der deutsche Durchschnittshaushalt in einem Einfamilienhaus verbraucht jährlich zwischen 3 500 und 4 000 Kilowattstunden elektrischen Strom. Soll im Haus alles auf Strom umgestellt werden, kommen Wärmepumpe und Elektroauto dazu. Hierfür werden je nach Heiz- und Fahrleistung zusammen zwischen 5 000 und 10 000 Kilowattstunden Strom im Jahr benötigt. Ist eine Photovoltaikanlage vorhanden, werden – je nach Größe und Ausrichtung – zwischen 5 000 und 30 000 Kilowattstunden Strom jährlich produziert und entweder ganz oder teilweise ins öffentliche Netz eingespeist.

Schaut man sich diese Zahlen an, wird schnell klar, dass sich in unserem Stromnetz viel ändern wird und muss. Denn für diese Mengen sind die großen Übertragungsnetze, die in Zeiten von zentraler Energieerzeugung durch wenige große Kraftwerke geplant und errichtet wurden, nicht ausgelegt. Auch die lokalen Verteilnetze der örtlichen Stadtwerke sind oft nicht vorbereitet und stoßen schon jetzt an ihre Grenzen.

Neben der großen Herausforderung, die für Heizung, Elektromobilität und Hausverbrauch benötigte Strommenge regenerativ zu erzeugen, stellt sich also auch die Frage, wie fit unsere Netze für die Zukunft sind. Oft wird die These aufgestellt, dass es Zeiten geben wird, in denen **alle** Menschen **gleichzeitig** kochen, fernsehen, ihre Elektroautos laden und parallel mit Wärmepumpen heizen. Ist dieses Szenario realistisch?

Hierzu hilft zunächst ein Blick in die technischen Anforderungen. Eine Wärmepumpe, die ein herkömmliches Einfamilienhaus beheizt, hat eine thermische Leistung von 5 bis 10 Kilowatt – je nach Wärmebedarf und Sanierungsstand des Gebäudes. Drei Viertel der benötigten Energie werden bei diesem Heizungsprinzip aus der Umgebungsluft oder dem Erdreich entnommen und belasten das Stromnetz nicht weiter. Also läuft eine Wärmepumpe, die eine Gastherme mit einem Jahresverbrauch von 20 000 Kilowattstunden ersetzt, im Extremfall mit bis zu 3 Kilowatt Leistung aus dem öffentlichen Stromnetz.

Gleichzeitiges Kochen und Backen sorgt für einen hohen Stromverbrauch.

Ein Elektroauto kann schon mit einer Leistung von 2 Kilowatt laden. Zwar braucht es dann rund 10 Stunden um 100 Kilometer nachzuladen – für die meisten Pendler reicht diese Tagesfahrleistung aber aus. In der Summe sind wir nun bei 5 Kilowatt, was ungefähr der Leistung zweier Elektroherdplatten und der des gleichzeitig laufenden Backofens entspricht – in vielen Haushalten ein durchaus übliches Szenario am frühen Abend.

Während der Herd nur kurze Zeit auf solch einer hohen Leistung betrieben wird, dauern das Laden des Elektroautos und das Heizen mit der Wärmepumpe länger. Im Winter läuft die Wärmepumpe tagsüber und nachts, so dass hier an besonders kalten Tagen mit einer Dauerleistung von bis zu 3 Kilowatt gerechnet werden muss. Das führt zu der eigentlichen Herausforderung für den Strom- und Wärmenetzbetreiber, denn technisch sind die meisten Stromverteilnetze für solch eine Dauerbelastung und die auftretenden Lastspitzen nicht ausgelegt. Das liegt am sogenannten **Gleichzeitigkeitsprinzip**, bei dem davon ausgegangen wird, dass nie alle Verbraucher simultan laufen und nach dem unsere Stromnetze in ihrer Kapazität ausgelegt sind.

Wie aber kann dann die Lösung für diese Herausforderung aussehen, die von Seiten der Politik mit dem Ziel der Klimaneutralität bis 2045 in Deutschland vorgegeben wurde? Müssen alle Straßen aufgegraben werden und neben dem Fernwärmenetz auch große Teile des Stromnetzes ertüchtigt werden?

WAS BRINGT DIE KOMMUNALE WÄRMEPLANUNG?

Sinnvoll ist es, die Energieversorgung einer Stadt ganzheitlich und nicht getrennt in Wärme- und Stromversorgung zu denken. Aus diesem Grund sieht das aktuelle Gebäudeenergiegesetz (GEG) folgende Maßnahmen vor: Städte und Gemeinden mit mehr als 100 000 Einwohnern müssen bis zum Jahr 2026 einen kommunalen Wärmeplan erstellen, kleinere Orte haben zwei Jahre länger Zeit.

Dieser Plan dient zur Orientierung und hilft auch bei der Frage, ob es notwendig ist, das örtliche Stromnetz zu modernisieren oder auszubauen. Quartiere, die zukünftig mit Nah- oder Fernwärme versorgt werden, müssen nicht zwangsweise auf die modernste Stromnetzinfrastruktur zurückgreifen, da die Dauerlast von elektrisch erzeugter Wärme entfällt. Denn die Energie wird in diesen Fällen zentral, zum Beispiel durch die Abwärme der Stromerzeugung in Blockheizkraftwerke, große Wärmepumpen oder Solarthermieanlagen, über entsprechend isolierte Wasserleitungen bereitgestellt. Dies kann im größeren Ausmaß bei Fernwärme, aber auch als Quartierslösung, etwa für Reihenhaussiedlungen, umgesetzt werden, in denen sich einzelne Wärmepumpen pro Gebäudeeinheit aus Platzmangel und Lärmschutz nicht eignen.

Städte und Gemeinden müssen in den kommenden Jahren einen kommunalen Wärmeplan erstellen.

Es geht also nicht darum, überall das komplette Stromnetz physikalisch zu erneuern, denn schließlich sind auch Materialien wie beispielsweise Kupfer nicht in unendlicher Menge verfügbar. Im Vordergrund steht vielmehr, bis 2045 die Energieverteilung intelligent zu gestalten. Mit entsprechender Sensorik können die Netze und ihre Auslastung überwacht werden. Ähnliches plant auch die Bundesnetzagentur (BNA), die für den bundesweiten Energienetzausbau verantwortliche Behörde.

DROHEN ABSCHALTUNGEN ELEKTRISCHER VERBRAUCHER BEI NETZÜBERLASTUNG?

»Wenn weiter sehr viele neue Wärmepumpen und E-Auto-Ladestationen installiert werden, dann sind Überlastungsprobleme und lokale Stromausfälle im Verteilnetz zu befürchten, falls wir nicht handeln«, sagt Klaus Müller, Leiter der Bundesbehörde, die für den Netzausbau verantwortlich ist, und gibt gleichzeitig »Entwarnung«: »Heizungen und Ladegeräte sollen in kritischen Phasen nicht ganz von der Stromversorgung getrennt werden. Wir wollen eine Mindestversorgung jederzeit garantieren.«

Es sind also keine Abschaltungen von Großverbrauchern wie Elektroauto oder Wärmepumpe zu befürchten – maximal können Leistungsreduzierungen zu Spitzenlastzeiten erfolgen, von denen die Verbraucher in aller Regel nichts bemerken. Alle Wärmepumpen und Wallboxen, sowie Stromspeicher und Klimaanlagen, die ab 2024 an das öffentliche Stromnetz angeschlossen werden, müssen gemäß § 14a des Energiewirtschaftsgesetzes (EnWG) über eine Regulierungstechnik verfügen. Über diese darf der Netzbetreiber die Großverbraucher nur im Überlastungsfall jeweils auf 4,2 Kilowatt drosseln. Diese Drosselungen müssen dokumentiert und veröffentlicht werden.

Eine Wärmepumpe für ein Einfamilienhaus wird also maximal am Zuschalten des elektrischen Heizstabes gehindert werden, der bei Temperaturen unter -10 Grad als Unterstützung eingesetzt werden kann. Somit kann es also in kalten Regionen zu einer eingeschränkten Wärmeerzeugung für die Dauer des Netzengpasses kommen. Hier empfiehlt es sich, bei der Auslegung der Heizungskomponenten auf einen Vorratsspeicher zu setzen.

SPEICHER KÖNNEN NETZDIENLICH SEIN

Hierbei kann es sich um einen großen Warmwasserspeicher handeln, der in den Abschaltzeiten die Heizung weiter mit warmem Wasser versorgt. Jedoch ist diese Art der Bevorratung nicht so effizient, da der Speicher die Wärme an die Umgebungsluft abgibt.

Alternativ und effektiver kann eine Stromreserve im Photovoltaikspeicher genutzt werden. Mit dieser wird die Wärmepumpe oder der Heizstab zur Überbrückung versorgt. Denn für selbst produzierten Solarstrom oder Strom aus der Hausbatterie gilt die Einschränkung nicht. Bei Fußbodenheizungen gibt der Estrich die Wärme über einen längeren Zeitraum an die Umgebungsluft ab und dient so quasi als Pufferspeicher.

Menschen in wärmeren Regionen müssen sich um solche Vorsorgemaßnahmen weniger Gedanken machen. Die kältesten Temperaturen werden in der Regel in den frühen Morgenstunden vor Sonnenaufgang bei klarem Himmel erreicht. Steht die Sonne dann am Himmel, wird es schnell wieder wärmer, die Pumpe läuft wieder effizienter und die Leistungsspitze ist überwunden, wodurch der Netzengpass entschärft wird.

Elektroautos mit 400 Kilometern Reichweite werden nicht täglich geladen, und wenn doch, dann kurzzeitig mit höherer oder über einen längeren Zeitraum mit niedrigerer Leistung. Daher sind diese auch nur in Extremfällen von solchen Abschaltungen betroffen. Mit der zulässigen Leistung von 4,2 Kilowatt werden in 10 Stunden rund 200 Kilometer nachgeladen.

Neben diesem zentralen Steuerelement der Netzbetreiber erlangt aber auch das eigene Energiemanagement eine immer größere Bedeutung. Je besser die Verteilung des selbst produzierten oder aus dem öffentlichen Netz bezogenen Stroms ist, desto wirtschaftlicher und netzdienlicher kann der eigene Haushalt versorgt werden.

INTELLIGENTE STEUERUNG UND DYNAMISCHER STROMPREIS

Intelligent gesteuerter Stromverbrauch wird in Zukunft ein zentrales Thema sein. Ab dem Jahr 2025 sind alle Stromversorgungsunternehmen außerdem dazu verpflichtet, sogenannte **dynamische Strompreise** anzubieten. Es gibt dann auch weiterhin die gewohnten festen Preise für Strom, doch daneben wird ein System angeboten, in dem der Verbrauch stündlich abgerechnet wird. Hierbei orientiert sich die Preisbildung am Börsenstrompreis. Scheint die Sonne oder weht der Wind kräftig, ist der Preis niedrig, da Strom aus erneuerbaren Energien an der Börse am niedrigsten gehandelt wird.

Smart-Meter-Gateways sind für eine flexible Art der Stromabrechnung hilfreich.

Wird aber viel Strom verbraucht, dann steigt der Preis. Die Ursache dafür liegt im sogenannten Merit-Order-Prinzip, nach dem die Strombörsen agieren: Der Preis wird bestimmt von dem teuersten Kraftwerk, das noch für die Deckung des Strombedarfs benötigt wird. Ist der Verbrauch so gering, dass er komplett durch erneuerbare Energien gewährleistet werden kann, dann sinkt der Preis deutlich ab. Wird hingegen viel Strom verbraucht und wenig durch Wind und Sonne erzeugt und müssen deswegen Kohle- und Gaskraftwerke zugeschaltet werden, dann steigt der Strompreis deutlich an.

Grundlage für diese flexible Art der Abrechnung sind die sogenannten *Smart-Meter-Gateways*. Hierbei handelt es sich um eine Kombination aus digitalen Zweirichtungs-Stromzählern und einer intelligenten Kommunikationseinheit, die die Stromflüsse am Zähler im Viertelstundentakt ausliest und an den Versorger meldet. Bis 2032 sollen alle Haushalte mit einem Stromverbrauch über 6000 Kilowattstunden oder einer Stromerzeugung mittels Photovoltaik über 7 Kilowatt-Peak verpflichtend mit solch einem *Smart-Meter-Gateway* ausgestattet sein.

NIEDRIGE STROMKOSTEN DURCH ZEITLICHE STEUERUNG DER ELEKTRISCHEN VERBRAUCHER

Wir nutzen diese Technik und die stündlich wechselnden Preise in unserem Haushalt schon und drückten so unseren durchschnittlichen Strompreis im Jahr 2023 auf unter 30 Cent. Es gab in unserer Region kein günstigeres Stromangebot. Hauptsächlich erreichen wir das über unsere Großverbraucher Elektroauto und Wärmepumpe. Wenn in den Monaten November bis Februar nicht genug Energie aus der Photovoltaikanlage kommt, stellen wir diese Verbraucher so ein, dass sie dann laufen, wenn viel regenerativ erzeugter Strom im Netz vorhanden und der Strompreis günstig ist. Unser E-Auto laden wir im Winter bevorzugt in der Nacht, wenn viel Wind weht. Denn dann fehlt es oft an Abnehmern für diesen Strom, und die Preise sind entsprechend niedrig.

Die Planung funktioniert in unserem Fall automatisiert. Wir geben an, wann das Auto wieviel Reichweite haben soll und laden dann zu den günstigsten Tarifen. Wenn Fabrikate verwendet werden, die für die intelligente Kommunikation noch nicht vorbereitet sind, ist mit wenig Aufwand auch eine manuelle Einstellung möglich.

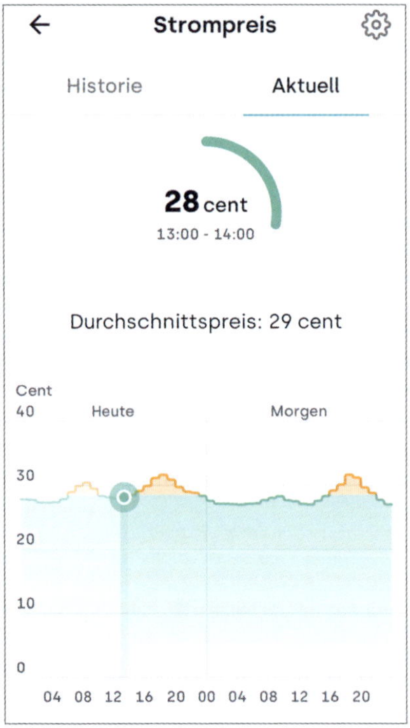

Dynamische Strompreise helfen, Strom dann zu nutzen, wenn er günstig ist.

Bei der Wärmepumpe ist die zeitliche Steuerung noch einfacher, denn es gibt täglich ein fast identisches Lastprofil im Stromnetz. In den Morgenstunden zwischen 6 und 9 Uhr und abends zwischen 17 und 20 Uhr wird in Wohngebieten der meiste Strom verbraucht. Diese Zeiten bilden fast täglich die Preisspitzen, unabhängig davon, wie sauber der aktuelle Strommix ist. Hier schalten wir die Wärmepumpe im Wochenplaner ab. Das können wir tun, da wir eine Fußbodenheizung haben und der Estrich die Wärme vorhält.

Man kann dieses Verbrauchsverhalten auch für andere Haushaltsgeräte wie Geschirrspüler und Waschmaschine anwenden, wenn sie zeitlich flexibel gestartet werden können. Wenn preislich gesteuert nur die Lastsenken im Verbrauchsprofil genutzt werden, dann müssen auch keine weiteren Kraftwerke aktiviert werden. Vielmehr wird auf diese Weise das Lastprofil geglättet und in Teilen an das schwankende Bereitstellungsprofil der erneuerbaren Energien angepasst.

In den Wintermonaten streben wir einen ausgeglichenen Mix aus Nutzung des eigenen Photovoltaikstroms und einem netzdienlichen Bezug aus dem öffentlichen Stromnetz an. Das ist bereits die größte Herausforderung unserer privaten Energiewende. Denn zwischen Mitte März und Mitte Oktober liefert unsere großzügig dimensionierte Photovoltaikanlage ausreichend Strom für alle elektrischen Verbraucher im Haus. Wir betreiben damit die Wärmepumpe im Dauerbetrieb und laden das E-Auto mit Photovoltaik-Überschuss-Strom. Der Stromspeicher wird in dieser Zeit für die Überbrückung der Nacht ebenfalls zuverlässig gefüllt.

Was wir heute noch teils manuell einstellen, wird in einigen Jahren automatisierter Standard sein. Verbraucher, die nicht zwingend zu einem bestimmten Zeitpunkt laufen müssen, werden über entsprechende intelligente Steuerungskomponenten im Netz dann aktiviert, wenn entweder ein Überschuss im Stromangebot besteht oder aber eine Lastsenke durch den Verbraucher gefüllt werden kann. Eine entscheidende Rolle wird dann auch das bidirektionale Laden von Elektroautos spielen. Wenn von den heute 50 Millionen PKW die Hälfte auf elektrischen Antrieb umgestellt ist, bilden diese Fahrzeuge, die den überwiegenden Teil des Tages stehen und nicht fahren, einen Schwarmspeicher mit einer Kapazität von 1,75 Terawattstunden. Das ist die Strommenge, die Deutschland heute an einem Tag verbraucht. Eine gewaltige Speicherkapazität, die zur Regelung der Stromflüsse genutzt werden kann. Bei Unterversorgung können die Autoakkus angezapft und bei Überfluss geladen werden. Die intelligente Steuerung sorgt dafür, dass zum Abfahrzeitpunkt der gewünschte Ladezustand vorherrscht.

FINANZIERUNG UND WIRTSCHAFTLICHKEIT

WAS KOSTET DIE ENERGIEWENDE ZUHAUSE?

Es gibt zwei Möglichkeiten, im Energiesektor Geld einzusparen. Der erste Weg ist die Überprüfung des eigenen Verbrauchs: Wo lässt sich Energie einsparen? Denn jede nicht verbrauchte Kilowattstunde muss auch nicht erzeugt werden. Beispiele sind die Umstellung auf moderne LED-Beleuchtung und das Ausschalten von Standby-Verbrauchern. Schon mit diesen einfachen Maßnahmen wird der Stromverbrauch im Jahr schnell um einige hundert Kilowattstunden sinken.

Es geht nicht um die Abschaffung von Verbrauchern, sondern um deren effiziente Nutzung und Steuerung. Unser Leben wird zunehmend von Technologisierung beherrscht - aber auch vereinfacht. Daher bietet sich als zweite Möglichkeit des gewinnbringenden Umgangs mit Energie die Investition in die Eigenenergieproduktion an. Oder - noch besser - zusätzlich die Umstellung aller bisher mit fossiler Energie betriebenen Geräte auf Strom. Denn so können diese Verbraucher mit einem Teil des selbst produzierten Stroms betrieben werden.

Wer die persönliche Energiewende vollziehen will und darüber nachdenkt, die Sektoren Wärme und Mobilität auf Strom umzustellen und diesen zum Teil mit einer Photovoltaikanlage selbst zu erzeugen, muss zunächst Geld investieren. Mit welchen Kosten ist zu rechnen?

DIE PHOTOVOLTAIKANLAGE – JE GRÖSSER, DESTO GÜNSTIGER?

Ausgangspunkt der Sektorenkopplung ist zunächst die Produktion der eigenen Energie. Eine Photovoltaikanlage schlägt ohne Speicher auf dem Preisniveau von 2024 mit 1 000 bis 1 800 Euro pro Kilowattpeak zu Buche. Der Wert variiert je nach Größe der Anlage. Denn einige Kosten wie Gerüstbau, Planung und Ertüchtigung der Elektroverteilung fallen an, egal, wie viele Module verbaut werden.

Je größer eine Photovoltaikanlage gewählt wird, desto günstiger wird sie in Relation zur installierten Leistung.

Je größer man baut, desto günstiger wird die Photovoltaikanlage spezifisch auf das Kilowattpeak heruntergerechnet. Ab einem gewissen Punkt stellt sich allerdings die Frage, ob sich weitere Module auf dem Dach noch lohnen. Im Winter wird üblicherweise der Großteil des produzierten Stroms von Haus, Wärmepumpe und E-Auto verbraucht, insbesondere, wenn sich dazu noch ein Batteriespeicher zur Unterstützung gesellt.

Im Sommer, wenn die PV-Anlage am meisten liefert, wird auch viel Strom ins öffentliche Netz eingespeist. Die Wärmepumpe sorgt in dieser Zeit hauptsächlich für warmes Wasser, geheizt wird wenig oder überhaupt nicht. Während die Anlage also im Sommer ein Vielfaches der Energie des Winters erzeugt, verbraucht die elektrische Heizung um denselben Faktor weniger Energie als in der kalten Jahreszeit. Je größer die PV-Anlage ist, desto mehr Strom wird im Sommer ins öffentliche Netz eingespeist. Das Verhältnis von Eigenverbrauch zu Einspeisung verschiebt sich also mit jedem neuen Modul hin zu mehr Einspeisung und weniger Eigenverbrauch.

Wer trotzdem sein Dach voll belegen möchte und viel Platz hat, der kann auch darüber nachdenken, einen Teil der Photovoltaikanlage komplett für die Volleinspeisung auszulegen. In diesem Fall ist ein zweiter Zähler für die Trennung der Erfassung der Stromflüsse notwendig, aber die eingespeiste Kilowattstunde bringt auch erheblich mehr Vergütung. Anfang 2024 liegt diese bei bis zu 13 Cent. Im Vergleich: Der aktuelle Überschuss-Einspeisetarif liegt bei 8,1 Cent. Bei Bedarf kann einmal im Jahr zwischen Voll- und Überschusseinspeisung gewechselt werden. Der Wärmepumpenmarkt ist zurzeit noch sehr unruhig. Zunächst boomte das Geschäft. Stieg die Zahl neu eingebauter elektrischer Heizungen bis 2021 eher mäßig an, so fand in den folgenden Jahren mehr als eine Verdopplung statt. 2021 wurden noch rund 150 000 Wärmepumpen verbaut. In 2022 stieg die Zahl auf 250 000 an und machte in 2023 noch einmal einen ähnlichen Sprung – auf dann über 350 000 Anlagen.

Mit der Neufassung des Gebäudeenergiegesetzes (GEG) und der – in Teilen nicht abgestimmten und anschließend viel diskutierten – Veröffentlichung im März 2023 geriet der Absatz ins Stocken. Zu groß war die Verunsicherung in der Bevölkerung, und viele Menschen stellten sich die Frage, ob die Wärmepumpe für sie tatsächlich geeignet wäre. Die Skepsis war und ist groß – auch aufgrund vieler Vorurteile und Behauptungen, die in den Medien umhergeisterten und auch heute immer noch aufgestellt werden. Die Zahlen und Zukunftsindikatoren sprechen jedoch eine eindeutige Sprache zugunsten der elektrischen Wärmeerzeugung, insbesondere in Verbindung mit Photovoltaik.

WÄRMEPUMPE PUNKTET MIT NIEDRIGEN BETRIEBSKOSTEN

Angetrieben durch die hohe Nachfrage und die üppige Förderung stiegen auch die Preise für Wärmepumpen in die Höhe. Zahlt man für den reinen Austausch von Gastherme gegen Gastherme rund 10 000 Euro, schlägt der Wechsel zu einer Wärmepumpe eher mit 25 000 bis 35 000 Euro zu Buche. Ein gutes Angebot ist bei diesen Zahlen entscheidend für den wirtschaftlichen Betrieb der Pumpe, denn diese macht ihren anfänglichen Preisnachteil durch ihre günstigeren Betriebskosten wieder wett.

Während aus einer Kilowattstunde Gas rund 0,95 Kilowattstunden Wärme erzeugt werden, der Wirkungsgrad also bei 95 Prozent liegt, schaffen moderne Geräte das Vierfache und mehr. Der Preis des Wärmepumpenstroms sollte also deutlich unter dem Vierfachen des Gaspreises liegen, damit die Wärmepumpe ihren Kostenrucksack wieder aufholen kann. Und genau das lässt sich mit der von uns beschriebenen Nutzung von dynamischen Strompreisen und dem Einsatz des eigenen Photovoltaikstroms bewerkstelligen.

Wenn ein guter Wärmepumpentarif in der Region angeboten wird, wird es noch wirtschaftlicher – und zwar mit einer Kaskadenschaltung. Hierbei werden zwei oder mehr Stromzähler verbaut, die es ermöglichen, dass der Pumpe vorrangig der günstige Strom vom eigenen Dach zugeordnet wird. Benötigt die Wärmepumpe darüber hinaus mehr Strom, so wird dieser über den zweiten Zähler erfasst und mit dem Niederstromtarif verrechnet.

Die Installation einer solchen Kaskade ist allerdings nicht günstig und muss vom Netzbetreiber genehmigt werden. Hier sollte nachgerechnet werden, ob der Aufpreis für Installation und Betrieb der Zählerkaskade über die vergünstigte Aktivität der Wärmepumpe refinanziert werden kann. Der Staat will hier zukünftig weitere Anreize setzen: So könnte Wärmepumpenstrom beispielsweise von staatlichen Abgaben wie Steuern befreit werden.

In der Wirtschaftlichkeitsberechnung einer Zählerkaskade sind zwei Posten zu berücksichtigen:

1. Die Kosten für den Einbau eines zweiten Zählers. Oft muss dafür der Zählerkasten erweitert werden. Denn in einen Standardzählerschrank von 110 x 90 x 30 cm Größe passt in der Regel kein zweites Gerät.

2. Die Zählergebühr. Diese muss jährlich entrichtet werden.

Auf der Haben-Seite stehen die Kilowattstunden, die über einen vergünstigen Wärmepumpentarif bezogen werden und die zuvor erwähnten Abgabenbefreiungen.

STEUERBARE VERBRAUCHER BRINGEN FINANZIELLE VORTEILE

Außerdem sieht § 14a des Energiewirtschaftsgesetzes (EnWG) zur Integration von steuerbaren Verbrauchern eine weitere Vergünstigung vor: Wer seine Wärmepumpe oder seine Wallbox zum Aufladen des Elektroautos vom Netzbetreiber steuern lässt, der erhält eine weitere Einsparmöglichkeit im Bereich der Netzentgelte. Diese sind Bestandteil des Strompreises und dienen unter anderem der Finanzierung, dem Betrieb und dem Ausbau des deutschen Stromnetzes. Die Bundesnetzagentur spricht hier von einem Einsparpotenzial von 110 bis 190 Euro pro Jahr. Hierfür gibt es drei Preismodule, die sich sowohl an Zählerkaskaden, als auch an Einzelzählersysteme richten.

AUSLAUFENDE STAATLICHE FÖRDERUNG LÄSST LISTENPREISE DER ELEKTROAUTOS SINKEN

Ähnlich turbulent wie auf dem Wärmepumpenmarkt geht es auch in der Automobilbranche zu. Nachdem das Wirtschafts- und Klimaschutzministerium Ende des Jahres 2023 überraschend die Förderung für E-Mobilität eingestellt hatte, sanken binnen kurzer Zeit die Listenpreise vieler elektrisch betriebener Fahrzeuge, oder es wurden von Händlern großzügige Rabatte gewährt. Wie die Entwicklung hier weitergeht, bleibt abzuwarten. Am günstigen Betrieb eines batteriebetriebenen Fahrzeugs in Verbindung mit einer Photovoltaikanlage und dynamischen Strompreisen ändert das nichts. Mit der entsprechenden Technik kann ein E-Auto von März bis Oktober rein mit eigenem Photovoltaikstrom geladen werden. Die Kosten für eine Strecke von 100 Kilometern liegen zwischen 1,50 und 2 Euro.

Wer sein Auto in den Wintermonaten mit Strom aus dem öffentlichen Netz lädt, wenn der Preis niedrig ist, zahlt ebenfalls wenig. Unser Fahrzeug hat eine Reichweite von 400 bis 500 Kilometern, wir fahren knapp 1 000 Kilometer im Monat. Da wir unser Auto zur Schonung des Akkus immer zwischen einem Ladezustand von 20 und 80 Prozent halten, haben wir Spielraum und müssen nicht jeden Tag laden, sondern warten auf einen günstigen Tarif. Das ist bei uns im Norden regelmäßig der Fall, wenn viel Windstrom erzeugt wird. Dann sinkt der Preis für eine Kilowattstunde auf 20 Cent oder weniger. Für 100 Kilometer Reichweite zahlen wir dann gerade einmal 4 Euro.

Dass wir ausschließlich aus der eigenen Photovoltaikanlage oder bei viel Wind laden, hat nicht nur einen finanziellen Vorteil. Wir laden an der heimischen Wallbox ausschließlich regenerativen Strom. Würden wir den Windstrom im Winter nicht nutzen, würde dieser abgeregelt, da der Abtransport der Energiemengen in den Süden durch den fehlenden Netzausbau noch nicht möglich ist. Unser Elektroauto und die Wärmepumpe agieren im Fall von Windüberschuss als Speicher der Energiewende.

RECHENBEISPIELE

Hier ein paar Formeln und Berechnungen für die Wirtschaftlichkeit der einzelnen Komponenten der Sektorenkopplung.

Wirtschaftlichkeit Photovoltaik Überschuss-Einspeiseanlage:

$$\textbf{Amortisationsdauer (xx Jahre)} = \frac{\text{Anschaffungspreis (xx Euro)}}{\text{(Eigenverbrauchte kWh * Strombezugspreis (xx Euro)) + (Eingespeiste kWh * Einspeisevergütung (xx Euro))}}$$

Ein Rechenbeispiel:

$$\textbf{Amortisationsdauer} = \frac{\text{15 000 Euro}}{\text{(4 000 kWh * 0,35 €) + (6 000 kWh * 0,08 €)}} = \textbf{7,98 Jahre}$$

Wirtschaftlichkeit Stromspeicher:

$$\textbf{Amortisationsdauer (xx Jahre)} = \frac{\text{Anschaffungspreis (xx Euro)}}{\text{(gespeicherte kWh * Wirkungsgrad * Strombezugspreis (xx Euro)) - (gespeicherte kWh * Einspeisevergütung (xx Euro))}}$$

Ein Rechenbeispiel:

$$\textbf{Amortisationsdauer} = \frac{\text{8 000 Euro}}{\text{(2 000 kWh * 0,85 * 0,35 €) - (2 000 kWh + 0,08 €)}} = \textbf{18,39 Jahre}$$

Wer mehr Informationen sucht, findet auf unserem YouTube-Kanal »gewaltig nachhaltig« oder auf unserer gleichnamigen Homepage viele Beispiele, Formeln und Berechnungswege. Die weiterführenden Links und QR-Codes sind am Ende des Buches aufgelistet.

Das Einsparpotenzial durch die Sektorenkopplung ist also enorm. Allerdings ist eine erhebliche Anfangsinvestition dafür notwendig. Im Folgenden ist eine Übersicht der möglichen Komponenten mit den entsprechenden Anschaffungskosten aufgelistet. Bei den angegebenen Preisen handelt es sich um marktübliche Durchschnittswerte, die je nach Region, Fabrikat, Hersteller oder aus anderen Gründen (zum Beispiel bei Lieferengpässen oder Materialknappheit) variieren können. Alle Preise verstehen sich inklusive der Installationskosten – hierzu zählen Modernisierung des Zählerschranks, elektrischer Anschluss mit allen Absicherungen, Gerüstkosten und das Fundament für die Außeneinheit der Wärmepumpe. Wie viel Förderung es für welche Anschaffung gibt, ist in einigen Fällen von Bundesland zu Bundesland unterschiedlich oder zeitlich begrenzt. Mehr dazu im Kapitel »**Förderung und Gesetze**«.

Bei den Fahrzeugen wird ein VW ID.3 mit einem Golf 8 in der Grundausstattung verglichen (Listenpreis Februar 2024). Der Aufpreis für die Sektorenkopplung wird mit jeweils zinsgünstigen Darlehen für Gebäudesanierung und Mobilität mit einem effektiven Jahreszins von 3,69 Prozent verrechnet.

SEKTORENKOPPLUNG	PREIS	KONVENTIONELL	PREIS
Photovoltaikanlage 10 kWp	15 000 Euro	Keine PV-Anlage	0 Euro
Stromspeicher 7,5 kWh	5 000 Euro	Kein Stromspeicher	0 Euro
Wallbox mit PV-Überschussladen	2 000 Euro	Keine Wallbox	0 Euro
Wärmepumpe nach Förderung	17 000 Euro	Gastherme	10 000 Euro
E-Auto Golfklasse	32 975 Euro	Verbrenner Golfklasse	27 180 Euro
Finanzierung Aufpreis mit 3,69 % effektivem Jahreszins	5 379 Euro		
GESAMT	**77 354 EURO**	**GESAMT**	**37 180 EURO**

Verglichen mit einem Haushalt ohne Sektorenkopplung ergibt sich bei vollständiger Fremdfinanzierung ein Aufpreis nach Förderung von 40 174 Euro. Bei einer achtjährigen Laufzeit bedeutet das eine monatliche Belastung von 420 Euro.

Dagegen stehen die jährlichen Einsparungen durch den effizienten Betrieb und die Eigenstromproduktion. Ausgangslage ist ein Einfamilienhaus mit einem Hausstromverbrauch von 4 000 Kilowattstunden, einem Wärmebedarf von 15 000 Kilowattstunden (= 16 666 Kilowattstunden Gas bei Wirkungsgrad 90 Prozent) und einer Fahrleistung von 12 000 Kilometern (20 Kilowattstunden pro 100 Kilometer und 6 Liter pro 100 Kilometer).

SEKTORENKOPPLUNG	BETRIEBSKOSTEN	KONVENTIONELL	BETRIEBSKOSTEN
Hausverbrauch mit 75 % PV-Strom	0 Euro	Hausverbrauch Strom 35 ct	1400 Euro
Hausverbrauch mit 25 % Strom aus dem öffentlichen Netz	350 Euro		
Wärmepumpe mit 25 % PV-Strom	0 Euro	Wärmeerzeugung aus Gastherme 10 ct/kWh	1666 Euro
Wärmepumpe mit 75 % Strom aus öffentlichem Netz	984 Euro		
Mobilität mit 75 % PV-Strom	0 Euro	Mobilität mit Benzin von der Tankstelle für 1,80 Euro / Liter	1296 Euro
Mobilität mit 25 % Strom aus dem öffentlichen Netz	210 Euro		
Einspeisevergütung	-264 Euro		
GESAMT	**1280 EURO**	**GESAMT**	**4362 EURO**

Die Ersparnis bei den Betriebskosten beträgt pro Jahr 3 082 Euro. Somit sinkt die monatliche Belastung der Finanzierung auf 163 Euro. Nach acht Jahren ist der Kredit abbezahlt – es bleibt ein Minus von 15 648 Euro für die Sektorenkopplung. Dieses ist nach weiteren fünf Jahren durch die Einsparung bei den Betriebskosten abbezahlt.

Diese Rechnungen dienen lediglich als Orientierung. Nicht berücksichtigt sind beispielsweise die sogenannten **Opportunitätskosten**: Das zusätzliche Geld, das bei der Sektorenkopplung in die Hand genommen werden muss, könnte nämlich auch gewinnbringend – beispielsweise in Form von Aktien oder Fonds – angelegt werden. Dies greift aber nur bei Einsatz von Eigenkapital, nicht bei Fremdfinanzierung.

Ebenfalls nicht enthalten in der oben geführten Rechnung sind unter anderem die zukünftigen Änderungen der Energiekosten durch die CO2-Bepreisung und steigende Energiepreise, von denen der Haushalt mit Sektorenkopplung durch den hohen Eigenverbrauchsanteil weniger betroffen ist.

Der Umstieg auf Strom ist also in wirtschaftlicher Hinsicht und auch im Kampf gegen das sich rasant verändernde Klima eine Investition in die Zukunft.

FÖRDERUNG UND GESETZE

WAS UNTERSTÜTZT DER STAAT UND WIE IST WAS GEREGELT?

Seit der erste Entwurf des überarbeiteten Gebäudeenergiegesetzes (GEG) im März 2023 eher unbeabsichtigt veröffentlicht wurde, machen beängstigende Zahlen rund um die Anschaffung einer Wärmepumpenheizung die Runde. Auch Politiker beteiligten sich an der Diskussion und warnten vor Kosten in astronomischer Höhe. Besonders Bayerns Ministerpräsident Markus Söder tat sich hier hervor, indem er die zu erwartenden Gesamtkosten inklusive aller hinfälliger Sanierungen eines Bestandsgebäudes mit 300 000 Euro bezifferte.

Woher der Spitzenpolitiker aus dem südlichsten Bundesland diese Zahlen hat, ist nicht belegt. Sicher ist, dass es in vielen Fällen nicht mit dem einfachen Tausch einer Gas- oder Öltherme gegen eine Wärmepumpe oder mit einem vergleichbaren Heizsystem gemäß den Vorgaben des GEG getan ist.

Wir haben den Umstieg von Gasheizung auf Wärmepumpe ohne eine vorherige energetische Sanierung vollzogen, da unsere Immobilie zumindest den Wärmestandards der 1980er-Jahre entspricht. Hat das Haus indes keine Dämmung im Ober- oder Dachgeschoss oder sind die eingebauten Fenster noch mit alter Ein- oder Zweifachverglasung verbaut, ist ein Vorgespräch mit einem Energieberater sinnvoll. Dieser kann Maßnahmen zusammenstellen, die die Effizienz einer Wärmepumpe deutlich verbessern. In solche Überlegungen sollten in jedem Fall auch die staatlichen und regionalen Fördermöglichkeiten mit einfließen. Denn jede Maßnahme, die ein Gebäude energieeffizienter und mit regenerativen Energien beheizbar macht, wird finanziell unterstützt.

Für den Austausch einer alten Heizung gegen eine neue Wärmepumpe kann es bis zu 70 Prozent Förderung geben.

Allen voran steht hier die Förderkulisse für das GEG. Für die Anschaffung einer mit mindestens 65 Prozent regenerativer Energie betriebenen Heizung gibt es in jedem Fall eine Grundförderung von 30 Prozent – auf die Heizung selbst, alle dazugehörigen Materialien und jegliche für den Einbau notwendigen Arbeiten. Dies gilt für selbstgenutzte, vermietete, unternehmerisch oder gemeinnützig genutzte und kommunale Gebäude.

Weitere 20 Prozent Förderung vom Bund gibt es für schnellentschlossene Eigenheimbesitzer, die ihre Immobilie auch selbst bewohnen. Voraussetzung: Auszutauschende Gas- oder Biomasseheizungen müssen älter als 20 Jahre sein. Alle ausgetauschten Heizungen müssen entsorgt werden. Wer vor dem Jahr 2029 auf eine solche zukunftssichere Heizlösung umsteigt, wird mit insgesamt der Hälfte der Gesamtkosten unterstützt. In den Jahren danach sinkt dieser Fördersatz kontinuierlich ab.

Weitere 5 Prozent Nachlass winken bei der Entscheidung für eine Wärmepumpe, die ein umweltfreundliches Kältemittel verwendet. Derzeit wird R290, auch bekannt als Propan, welches in jedem Gasgrill zum Einsatz kommt, empfohlen. Während andere Kältemittel extrem klimaschädlich sind, sobald sie in die Atmosphäre gelangen, hat Propan lediglich einen GWP-*(Global Warming Potential)*

Wert von 3, welcher als gering bezeichnet werden kann. Wer die Innovationsprämie einstreichen möchte, sollte auf die Verwendung von R290 als Kältemittel bestehen. Außerdem werden auch alle Formen der Erdwärmepumpe mit diesem Fördersatz unterstützt.

Liegt das zu versteuernde Haushaltseinkommen unter 40 000 Euro pro Jahr, gibt es noch einmal 20 Prozent obendrauf. Maßstab sind hier die Steuerbescheide der vorangegangenen beiden Jahre.

Die Gesamtförderung ist allerdings auf 70 Prozent und eine Investition von 30 000 Euro gedeckelt. Damit wird der Marktdynamik Rechnung getragen. Geförderte Produkte neigen dazu, dass sie sich im Rahmen ihrer Förderung verteuern – mit der Deckelung soll die Preisspirale gestoppt werden.

Eine neue Wärmepumpe für das Eigenheim mit einem Gesamtpreis von 30 000 Euro kostet den »schnellentschlossenen« einkommensschwächeren Haushalt also lediglich 9 000 Euro. Ein direkter Wechsel von Gas zu Gas ist selten günstiger.

Befindet sich das Gebäude in einem für den Betrieb einer Wärmepumpe ungeeigneten Zustand, gibt es weitere Förderungen für die entsprechenden Maßnahmen. Diese belaufen sich auf 15 Prozent je Maßnahme zuzüglich weiterer 5 Prozent, wenn man sich vom Energieberater einen individuellen Sanierungsfahrplan erstellen lässt. Der iSFP wird mit 80 Prozent vom Bundesamt für Ausfuhrkontrolle (BAFA) bezuschusst.

Eine *Beispielrechnung* verdeutlicht, welche Möglichkeiten es gibt: Eine Familie mit einem zu versteuernden Einkommen von 50 000 Euro jährlich bewohnt ein Haus aus den 1970er-Jahren. Weder Dach noch Fenster wurden je erneuert. Der Umstieg von der 21 Jahre alten Gastherme auf Wärmepumpe ist geplant.

Der Energieberater empfiehlt erstellt einen iSFP und mindestens den Tausch der alten Fenster gegen moderne Thermoverglasung und eine Isolierung der obersten Geschossdecke im Spitzboden. Neue Fenster werden mit 30 000 Euro veranschlagt, und die Obergeschossdämmung mit 10 000 Euro. Die neue Wärmepumpe, die nach Durchführung dieser Maßnahmen entsprechend kleiner dimensioniert werden kann, liegt bei 35 000 Euro.

In der Summe werden 75 000 Euro fällig – ein stolzer Betrag, und nicht für jeden stemmbar. Durch die Förderung werden die Kosten der Wärmepumpe jedoch auf 21 500 Euro und die der energetischen Maßnahmen auf 32 000 Euro verringert. So beträgt der Gesamtaufwand nach Förderung noch 53 500 Euro.

Das ist ebenfalls viel Geld, doch die Alternative könnte wesentlich teurer werden: Durch die CO2-Bepreisung auf fossile Brennstoffe wird sich deren Preis über die Jahre verdoppeln. Dadurch können in einem ungedämmten Haushalt wie in unserem Rechenbeispiel jährliche Mehrkosten von 2 000 Euro und mehr entstehen. Auf die Lebensdauer einer Gastherme bezogen summiert sich das zu einer stattlichen Summe.

Wer sich für eine neue Gasheizung entscheidet, muss in den kommenden Jahren mit steigenden Betriebskosten rechnen.

Genau diese Berechnungen sind auch Inhalt der Beratungsgespräche, die zukünftig beim Einbau einer Gas- oder Ölheizung für die Betreiber verpflichtend werden. Verbraucherzentralen warnen schon heute davor, nur die Mehrkosten der aktuellen Umstellung auf regenerative Verbraucher zu sehen.

Hohe Summen stehen also zukünftig im Raum. Bis 2027 will der Bund 211 Milliarden Euro bereitstellen. Diese Finanzmittel werden aber nicht pauschal aus dem Steuertopf genommen. Sie werden über den Klima- und Transformationsfond zur Verfügung gestellt. Dieser speist sich hauptsächlich aus den Einnahmen des europäischen Zertifikatehandels und der nationalen CO2-Bepreisung. Es gilt also nicht das Linke-Tasche–rechte Tasche-Prinzip, sondern die Gelder werden zweckgebunden entnommen und wieder bereitgestellt.

FINANZIERUNG MIT DER KFW ODER KREDIT VON DER HAUSBANK?

Die Kreditanstalt für Wiederaufbau (KfW) unterstützt Umstiegswillige durch zinsgünstige Darlehen. Bei der subventionierten Anschaffung einer Wärmepumpe läuft auch die Förderungsabwicklung über die KfW – entweder durch Auszahlung der Prämie oder als Tilgungszuschuss in einen zinsgünstigen oder teils sogar -freien Kredit.

Darlehen bei der KfW müssen allerdings zwingend über eine Privatkundenbank abgewickelt werden. Oftmals ergeben sich in den Gesprächen der eigenen Hausbank aber auch andere günstige Finanzierungsmöglichkeiten. Hier gilt es genau zu vergleichen. Wer auch die Förderung wieder in die Sektorenkopplung investieren möchte, könnte zuerst über die Anschaffung einer Wärmepumpe nachdenken. Mit der Rückzahlung kann dann die Errichtung einer Photovoltaikanlage von rund 10 Kilowatt-Peak finanziert werden. Auch wir haben die Mehrkosten für den Umstieg auf Photovoltaikanlage, Elektroauto und Wärmepumpe durchgerechnet und liegen über die Betriebszeit bei einem Plus im fünfstelligen Bereich bei nur minimal steigenden Energiepreisen – und das bei unserer nicht optimalen Situation in Sachen Eigenenergieerzeugung.

DAS GEBÄUDEENERGIEGESETZ (GEG) – WOMIT HEIZEN WIR ZUKÜNFTIG?

Um die klimatischen Veränderungen zu stoppen oder zumindest abzumildern, sind massive Einsparungen der CO2-Emissionen auch im Bereich Wärme notwendig. Einen Teil dieser klimaneutralen Energieversorgung soll das Gebäudeenergiegesetz regeln. In ihrer Koalitionsvereinbarung 2021 haben sich die Regierungsparteien SPD, Bündnis 90/Die Grünen und FDP darauf verständigt, dass neu installierte Heizungssysteme zukünftig mit einem Anteil von mindestens 65 Prozent regenerativer Energie betrieben werden sollen.

Zunächst betrifft dies seit 1. Januar 2024 lediglich Gebäude, die in einem ausgewiesenen Neubaugebiet errichtet werden und für die ein Bauantrag nach dem 1. Januar 2024 eingereicht wird. Für alle anderen Neu- und Bestandsbauten ist die Eintrittsregelung des GEG von der Fertigstellung der kommunalen Wärmeplanung abhängig. Diese soll in Kommunen ab 100000 Einwohnern bis zum 30. Juni 2026 und für Kommunen unter 100000 Einwohnern bis 30. Juni 2028 verbindlich sein. Ist bis dahin keine Wärmeplanung erstellt, muss trotzdem beim Einbau einer neuen Heizung nach den Vorgaben des GEG vorgegangen werden.

Liegt die Wärmeplanung früher vor, gelten die Regelungen ab einem Monat nach Veröffentlichung der kommunalen Wärmeplanung. Ganz allgemein sind davon aber nur Heizungsanlagen betroffen, die neu installiert werden. Wer noch vor Veröffentlichung der Wärmeplanung auf eine neue fossile Heizung setzt, der muss sicherstellen, dass ab 1.1.2029 mindestens 15 Prozent, ab 2035 mindestens 30 Prozent und ab 2040 mindestens 60 Prozent der mit der Anlage bereitgestellten Wärme aus Biomasse, grünem oder blauem Wasserstoff erzeugt wird.

Alle Anlagen, die vor dem Tag des Kabinettsbeschlusses über das GEG (19. April 2023) beauftragt und vor dem 18. Oktober 2024 eingebaut werden, sind von den Regelungen des GEG ausgenommen und können in herkömmlicher Form betrieben werden, bis sie nicht mehr reparierbar sind. Funktioniert die eigene Heizung also noch, egal ob Gastherme oder Ölheizung, muss kein Tausch vorgenommen werden, bis die Heizung irreparabel beschädigt ist.

Das Gebäudeenergiegesetz (GEG) regelt einen Teil der klimaneutralen Energieversorgung.

Tritt der Fall ein, dass eine Heizung zukünftig ausgetauscht werden muss, gibt es verschiedene mögliche Systeme, mit denen die Vorgabe des 65-prozentigen regenerativen Anteils erfüllt wird. Vorrang hat hierbei die Möglichkeit, das Gebäude an ein bestehendes Fernwärmesystem anzuschließen. Um die Monopolstellung und damit verbundene Preispolitik von Wärmenetzbetreibern zu regulieren, folgen weitere gesetzliche Regelungen. Ist ein Fernwärmenetz nicht verfügbar, kommen individuelle Wärmelösungen zum Zug.

Hierzu gehört eine elektrisch betriebene Wärmepumpe. Ebenso uneingeschränkt nutzbar sind Heizungsanlagen auf Basis von nachwachsender Biomasse oder blauem/grünem Wasserstoff. Bei Ersterer handelt es sich hauptsächlich um Pellets-, aber auch andere Holzheizungen. Wasserstoffheizungen arbeiten ähnlich wie Gasthermen. Blauer Wasserstoff entsteht als Abscheidung aus Erdgas unter Aufspaltung von Wasserstoff und CO2. Das CO2 wird in der Folge mittels des Carbon-Capture-Verfahrens im Erdboden verpresst. Grüner Wasserstoff wird ausschließlich aus erneuerbaren Energien gewonnen. Zu bedenken ist hierbei, dass blauer Wasserstoff zwar EU-weit als klimaneutral angesehen wird, weil bei der Produktion kein CO2 zusätzlich emittiert wird. Allerdings sorgen Förderung und Transport des Erdgases wie schon erwähnt für eine erhebliche Freisetzung von klimabeeinflussenden Treibhausgasen.

Wird eine solche Gastherme verbaut, muss das Gebäude in einem Wasserstoffnetz-Ausbaugebiet liegen und bis 2044 darüber komplett mit Wasserstoff versorgt werden. Kommt die Kommune dieser Verpflichtung nicht nach, ist sie für die Umrüstung der in diesem Gebiet verbauten H2-ready-Heizungen auf eine 65-Prozent-fähige Hybridheizung verantwortlich.

Beim Heizungstausch gibt es verschiedenen Möglichkeiten und Übergangslösungen.

Ebenfalls als die Vorgaben erfüllend werden Stromdirektheizungen in selbstbewohnten Ein- oder Zweifamilienhäusern angesehen, in denen es keine Zentralheizung gibt. Hier wird der Strom eins zu eins in Wärme umgewandelt, wie zum Beispiel bei Infrarot- oder Nachtspeicherheizungen der Fall. Diese sollten aber gut geplant werden, da sie schnell zu ausufernden Energiekosten führen. Alle übrigen Heizungstypen schaffen die 65-Prozent-Vorgabe nicht allein und benötigen Unterstützung. So können Gas- und Ölheizungen mit Wärmepumpen ergänzt werden. Vorteil dieser Lösung: Jedes Teilsystem kann im jeweils besten Wirkleistungsbereich arbeiten. Die Wärmepumpe liefert bei Temperaturen über dem Gefrierpunkt die Wärme, der fossile Teil kommt bei Frost zum Einsatz.

Die in den vergangenen Jahren sehr beliebte Solarthermie, bei der Sonnenlicht direkt in warmes Wasser umgewandelt wird, reicht nicht in Verbindung mit einer fossilen Heizung. Hier muss ebenfalls auf ein hybrides System zurückgegriffen werden.

Aber keine Regel ohne Ausnahme: So ist es möglich, dass bei Havarie einer Heizungsanlage übergangsweise für fünf Jahre eine gebrauchte fossile Heizung nachgerüstet wird, bis eine gesetzeskonforme Anlage verbaut wird. Bezieher von einkommensabhängigen Sozialleistungen ununterbrochen über sechs Monate können sich auf Antrag von den Vorgaben des Wärmegesetzes befreien lassen. Ist der Anschluss an ein Wärmenetz absehbar, aber noch nicht realisierbar, gilt eine Übergangszeit für eine neue fossile Heizung von zehn Jahren bei Abschluss eines Vertrags über die Anbindung an das Wärmenetz.

Den Weg hin zur neuen Heizung hat das Umweltbundesamt in seinem Entscheidungsbaum zum Heizungswechsel grafisch nachvollziehbar dargestellt. Der Verweis auf diesen Entscheidungsbaum befindet sich in der Linksammlung am Ende dieses Buches.

GEPLANTE AUSBAUZIELE

WELCHE ZIELE WILL DER STAAT BEI DER ENERGIEWENDE WANN ERREICHEN?

Warum wir umdenken und unsere Energieversorgung komplett verändern müssen, haben wir hinlänglich erklärt. Aber wie kann sich Deutschland bis zum Jahr 2045 komplett aus regenerativen Energien versorgen? Energie, die ab 2045 in Deutschland umgewandelt oder verbraucht wird, muss so bereitgestellt werden, dass sie das Klima nicht negativ beeinflusst.

Die Bundesregierung hat ehrgeizige Ziel beim Ausbau der Windkraft.

Im Fokus steht hier die Erzeugung von elektrischem Strom aus Windkraftanlagen und Photovoltaikanlagen. Auch Biogasanlagen, Wasserkraft und Pumpspeicherkraftwerke tragen zur Energieversorgung im Land bei, allerdings in deutlich geringerem und begrenztem Umfang.

Dementsprechend hat sich Deutschland ehrgeizige Ausbauziele insbesondere für Wind und Solar gesetzt. Ein erstes Zwischenziel ist das Jahr 2030. Dann sollen 80 Prozent des nationalen Strombedarfs aus regenerativen Quellen stammen. Da wir aber gleichzeitig auch immer mehr fossile Verbraucher wie Autos und Heizungen auf den Betrieb mit bevorzugt grünem Strom umstellen, kann nicht vom Strombedarf des Jahres 2024 ausgegangen werden. Denn im heutigen Szenario verbraucht Deutschland rund 500 Terawattstunden an Strom, von denen etwas mehr als die Hälfte aus erneuerbaren Energiequellen stammen.

STROMBEDARF IN DEUTSCHLAND STEIGT BIS 2030 AUF 750 TERAWATTSTUNDEN

Schätzungen der Bundesnetzagentur zufolge wird sich der Strombedarf des einwohnerreichsten Landes in Europa bis 2030 auf rund 750 Terawattstunden erhöhen. 80 Prozent davon sollen dann erneuerbar sein. Wir sprechen also von 600 Terawattstunden, die hauptsächlich durch den Ausbau von Wind und Solar bereitgestellt werden. Das entspricht mehr als einer Verdoppelung der heute erzeugten Strommenge. Der Hochlauf des Zubaus soll bis 2026 erfolgen. Ab dann sieht der Plan eine kontinuierliche Steigerung der Anzahl von Windkraft- und Photovoltaikanlagen bis 2030 und darüber hinaus vor.

Als Zielmarke für den jährlichen solaren Zubau sind ab 2027 mindestens 11 Gigawatt Photovoltaik auf Dächern und 11 GW Photovoltaik auf Freiflächen eingeplant. Im Windbereich sind 2 Gigawatt offshore – also Anlagen auf See – und 10 Gigawatt an Land geplant. Damit soll im Jahr 2030 die Kraftwerksleistung von Photovoltaik auf 215 Gigawatt und von Windkraft auf 115 Gigawatt erhöht werden. Wenn man berücksichtigt, dass die aktuelle Spitzenlast in Deutschland bei 75 Gigawatt liegt, klingt das sehr viel. Wenn alle regenerativen Generatoren mit ihrer Spitzenleistung Strom erzeugen, ist das auch viel zu viel. Aber da Wind und Sonne nicht permanent zur Verfügung stehen, relativieren sich die Werte wieder.

Und in der Tat ist die Verteilung der Stromerzeugung über den Jahresverlauf recht ausgeglichen. Im Sommer dominieren die Photovoltaikanlagen die Stromproduktion. Dies allerdings nur am Tag. Aber jeder private PV-Betreiber weiß, dass eine flächendeckende Versorgung mit PV und Stromspeicher über das Sommerhalbjahr problemlos möglich ist. Denn die Phasen der Nichtproduktion sind auf die nächste Nacht beschränkt, und dieser Zeitraum lässt sich problemlos mit einem Batteriespeicher überbrücken.

Daher ist die Solartechnik gerade in den sonnenreichen Ländern der Erde rund um den Äquator die Technologie der Zukunft. Denn dort braucht es keine großen Speicher, um über das komplette Jahr eine sichere Stromversorgung mit Photovoltaikmodulen sicherzustellen. Zudem werden die Gebäude eher gekühlt als beheizt.

Anders sieht es in unseren Breitengraden aus. Wenn wir zukünftig großflächig mit elektrischer Energie heizen, wird der Strombedarf insbesondere in der dunklen Jahreshälfte signifikant ansteigen, wenn durch solare Einstrahlung aus Licht und Wärme nur wenig Energie zur Verfügung steht. Im Winterhalbjahr ist die Windenergie zwar deutlich präsenter als im Sommer, aber die Phasen der Unterversorgung durch Direkterzeugung werden länger. Batteriespeicher können hier zwar unterstützen, aber nicht den kompletten Zeitraum einer windschwachen Phase überbrücken.

NEUBAU VON GASKRAFTWERKEN GEPLANT

Es gibt eine Vielzahl an Möglichkeiten, in diesen Phasen Energie bereitzustellen. Allen voran kann Wärme auf verschiedene Arten über eine lange Zeitspanne konserviert und in der kalten Jahreszeit zum Heizen verwendet werden. Um das ganze Land mit gesicherter Energie zu versorgen, braucht es indes große zentrale Lösungen. Daher hat die Bundesregierung im Rahmen der Wasserstoffstrategie auch ihre Kraftwerksstrategie vorgestellt. Im Mittelpunkt stehen Gaskraftwerke, die auch mit Wasserstoff betrieben werden können. Diese Reservekraftwerke sollen sukzessive auf den hochflüchtigen Brennstoff umgestellt werden.

Die Kraftwerke mit einer Gesamtleistung von zunächst 10 Gigawatt werden in den nächsten Jahren an vier neuralgischen Standorten in Deutschland errichtet und mit dem zentralen auf Wasserstoff umzurüstenden Gasnetz verbunden. Große Teile dieses sehr gut ausgebauten Netzes können mittels Nachbesserung auf Wasserstoff umgestellt werden – so auch die jetzt schon existierenden 30 Gigawatt an Gaskraftwerken. Schon lange vor den politischen Unruhen in Osteuropa galt Gas als die Brückentechnologie für den Umstieg von fossilen auf regenerative Energieträger. Ein Vorteil ist die Flexibilität, mit der Gaskraftwerke in ihrer Leistung geregelt werden können – so passen sie sich besser an die Volatilität von Wind und Sonne an. Außerdem galt Gas bisher im Vergleich zu Kohle als deutlich sauberer. Bei der Verbrennung der Menge Gas, die 1 kWh Energie enthält, werden 200 Gramm CO2 freigesetzt. Bei Kohle sind es über 400 Gramm. Inzwischen gibt es aber fundierte Studien über die Treibhausgas-Äquivalente, die bei der Bereitstellung von Erdgas freigesetzt werden.

Schon bei der Förderung, aber auch beim Transport über kilometerlange Pipelines tritt Methan aus und wird in die Atmosphäre entlassen. Methan hat eine um ein Vielfaches größere Wirkung auf den Treibhauseffekt als CO2. Noch größer ist dieser Effekt bei Flüssiggas (LNG), auf das Deutschland nach Ausbruch des Russland-Ukraine-Konflikts umgestiegen ist. Hierbei handelt es sich um Gas, das zur besseren Verschiffung bei Temperaturen unter –160 Grad verflüssigt wird. Mit den ermittelten Werten ist Erdgas in seiner Klimaschädlichkeit inzwischen gleichzusetzen mit der Stromerzeugung durch Kohleverfeuerung. Mit der in Deutschland gut ausgebauten Erdgas-Infrastruktur ist also der Grundstein für den Umstieg auf Wasserstoff gelegt. Allerdings muss dieser vor dem Hintergrund der Klimaschädlichkeit durch die Verbrennung von Erdgas schnell umgesetzt werden. Deutschland wird sich auch zukünftig nicht komplett selbst mit Energie versorgen können. Wasserstoffimporte aus Regionen, in denen die Produktion deutlich effizienter vonstattengeht, sind fest eingeplant. Allerdings muss auch die nationale Wasserstoffproduktion zeitnah hochgefahren werden.

NATIONALE WASSERSTOFFSTRATEGIE

Dafür braucht es die entsprechende technische Ausrüstung: Elektrolyseure, die aus Wasser und Strom durch Aufspaltung des Wassers in Wasserstoff und Sauerstoff den Hoffnungsträger einer zukünftig sauberen Energieversorgung erzeugen. Diese Anlagen wollen möglichst permanent beliefert werden – nicht nur mit Wasser, sondern auch mit grünem Strom. Daher ist der weitere großflächige Ausbau von Wind und Solar unerlässlich für einen wirtschaftlich akzeptablen Betrieb einer Wasserstoff-Infrastruktur. Solange es noch keine Wind- und Solarüberschüsse im großen Stil gibt, wird es auch grünen Wasserstoff nur in überschaubaren Mengen geben, zu entsprechend hohen Preisen.

Die **nationale Wasserstoffstrategie** sieht daher den Aufbau von Elektrolyseuren mit einer Leistung von insgesamt 10 Gigawatt bis zum Jahr 2030 analog zu den geplanten H2-Kraftwerken vor. Außerdem soll bis 2032 ein 11 000 Kilometer langes Wasserstoff-Kernnetz die Erzeuger mit den großen Verbrauchern verbinden. Der Plan sieht vor, dass damit 30 bis 50 Prozent des Wasserstoffbedarfs in Deutschland im eigenen Land produziert werden. Der Rest wird aus dem Ausland importiert. Um diese Versorgung zu sichern, wurden Aufbauprojekte mit sechs afrikanischen Staaten, Australien, Neuseeland, Kanada und den USA angestoßen.

Aber nicht nur für die Produktion und den Transport von Wasserstoff ist ein großflächiger Infrastrukturausbau notwendig. Auch im Strombereich lassen sich die Ausbauziele der Bundesregierung mit der heutigen Infrastruktur nicht realisieren. Das Dilemma im Übertragungsnetz, das von den vier Unternehmen Tennet, 50hertz, Amprion und Transnet BW betrieben wird, zeigen schon heute die Ausgaben für die sogenannten »**Redispatch**-Maßnahmen« auf. Das sind Eingriffe in das Stromnetz, um Über- oder Unterdeckungen auszugleichen. Ein großes Problem ist hierbei aktuell die stark wechselnde Produktion aus Windkraftanlagen insbesondere an Nord- und Ostsee.

Die nationale Wasserstoffstrategie sieht den Ausbau eigener Anlagen, aber auch mehr Import vor.

Die produzierte Leistung der Windkraftanlagen schwankt dabei je nach Witterungslage zwischen einigen wenigen und bis zu 45 Gigawatt. Ist viel Windstrom im Netz, kann dieser nicht ausreichend bis in den Süden Deutschlands transportiert werden, da die dafür notwendigen Hochspannungsübertragungsleitungen noch nicht fertiggestellt sind. Es ergibt sich also ein Überangebot an Strom im Norden und ein Engpass in Richtung Süden. In diesem Fall werden im südlichen Teil der Republik konventionelle Kraftwerke hochgefahren, um einen Lastausgleich mit dem Überangebot im Norden zu bilden.

Man spricht in diesem Fall vom netzbezogenen Redispatch. Ein Problem, das nur durch den Ausbau der Leitungen und durch Zubau von erneuerbaren Energien im Süden gelöst werden kann. Ein weiteres - weitaus leichter zu lösendes Problem - sind die marktbezogenen »**Countertradings**«. Wird im Norden viel Windstrom produziert, dann sinkt der Börsenpreis des Stroms deutschlandweit auf ein sehr niedriges Niveau. Das ist dem Merit-Order-Effekt geschuldet, wodurch der Strompreis von dem Kraftwerk bestimmt wird, das als günstigstes noch für die Deckung des Bedarfs produzieren muss. Wind und Solar werden an der Strombörse mit null Cent gehandelt und haben Einspeisevorrang. Danach folgen die nächstgünstigsten Kraftwerke in der Reihenfolge ihrer Preise, bis der Bedarf gedeckt ist.

Der Netzausbau ist dringend erforderlich, um den selbst erzeugten Strom zu transportieren.

Ist also im Herbst oder Frühling viel Windstrom im Netz, sinken die Preise in ganz Deutschland. Das führt dazu, dass die Pumpspeicher in Österreich und der Schweiz den günstigen Strom aus Deutschland importieren, obwohl in Süddeutschland gar nicht viel erneuerbarer Strom erzeugt wird. Also müssen im Süden fossile Kraftwerke den Strom produzieren, der in die alpinen Pumpspeicherkraftwerke geladen wird. Die Lösung für dieses Problem wären verschiedene Preiszonen in Deutschland. Das würde auch überwiegend fossil produzierten

Strom deutlich teurer machen und einen überregionalen Anreiz bieten, auf Erneuerbare zu setzen.

All diese Eingriffe in das Stromsystem führen inzwischen zu jährlichen Kosten von über 4 Milliarden Euro. Daher hat die für den Netzausbau verantwortliche Bundesnetzagentur beschlossen, die Ausbauzeiten der großen Stromleitungen zu verkürzen, um diese laufenden Kosten so schnell wie möglich wieder zu senken. Im Raum stehen hierfür Summen im mittleren dreistelligen Milliardenbereich bis 2030.

DIE ENERGIEWENDE IST MACHBAR – WAS IST ZU TUN?

Die Energiewende in Deutschland und Europa ist also eine weitaus größere Herausforderung als die heimische Sektorenkopplung. Aber alles hängt miteinander zusammen: Für die Umstellung der Mobilität und Wärme auf erneuerbare Energien müssen Wind und Solar im großen Umfang weiter ausgebaut werden. Um die Verteilung dieser Energiemengen innerhalb Deutschlands, aber auch ins benachbarte Ausland, gewährleisten zu können, ist der Netzausbau unabdingbar. Damit die Energie auch bei unseren heimischen Verbrauchern ankommt, müssen die lokalen Verteilnetze fit gemacht werden. Und schließlich braucht es noch Speicher, um die Zeiten, in denen der Direktverbrauch aus Wind und Sonne nicht gewährleistet ist, sicherzustellen.

Die Problematik ist seit geraumer Zeit bekannt. Zu lange wurde aber zu wenig für den Umbau unseres Energiesystems getan, wurde an altbewährten Geschäftsmodellen festgehalten und auch Stimmung gegen den notwendigen Wandel gemacht. Die Zeit wird knapp und die Maßnahmen damit drastischer.Eine weitere Herausforderung ist, hierfür die Akzeptanz der Bevölkerung zu finden gegen die Störfeuer, die immer wieder von den Gegnern der Energiewende losgetreten werden. Daher ist Aufklärung über das Vorgehen und die Notwendigkeit des Wandels wichtig.

DIE PRIVATE ENERGIEWENDE – JETZT LOSLEGEN!

ZWÖLF TIPPS FÜR DEN SOFORTIGEN EINSTIEG

STROM MIT EINEM BALKONKRAFTWERK (BKW) SELBST ERZEUGEN

Sind die baulichen und mietrechtlichen Voraussetzungen für die Installation eines BKW vorhanden, sollten vor dem Kauf vor allem günstiger Produkte Informationen und Testberichte über die Vorteile und Schwächen der Marken eingeholt werden. Ebenfalls wichtig: Die Sicherung und ordnungsgemäße Befestigung der Module.

STROMVERBRAUCH OPTIMIEREN

Nützlich ist eine Analyse der Stromverbräuche im Haus und auch im Garten. Dafür dient ein einfaches Messgerät, das zwischen Steckdose und Gerätestecker geschaltet wird. Ist der »Übeltäter« gefunden, gilt es abzuwägen, ob das Gerät gegen ein neueres ausgetauscht wird. Alte Neonröhren und Glühbirnen sollten in jedem Fall durch energiesparende LED ersetzt werden. Auch Haushaltsgeräte, die lange im Ruhemodus laufen, verbrauchen dauerhaft Strom und können mit schaltbaren Steckdosen gesteuert werden.

Lampen mit hohem Stromverbrauch sollten gegen energiesparende LED ausgetauscht werden.

RITUALE UND TAGESABLAUF ÜBERDENKEN

Wird das Licht aus Gewohnheit überall angelassen? Läuft das Wasser beim Zähneputzen? Sind Fernseher und PC auch eingeschaltet, wenn niemand davorsitzt? Gibt es wassersparende Armaturen wie beispielsweise einen entsprechenden Duschkopf in Bad und WC?

TEMPOLIMIT UMSETZEN

Wer mit dem Auto unterwegs ist, kann auch hier einen wichtigen Beitrag zur Energiewende leisten. Das persönliche Tempolimit kann sofort ohne gesetzliche Regelungen umgesetzt werden. Ebenfalls sinnvoll sind Fahrgemeinschaften, der Umstieg auf Bus und Bahn oder die Anschaffung eines Fahrrades, um kurze Strecken schnell und CO2-neutral zu bewältigen.

Das persönliche Tempolimit kann sofort umgesetzt werden.

STROMANBIETER WECHSELN

Das Wechseln des Stromanbieters ist heutzutage eine einfache und durchaus effektive Maßnahme. Sowohl der Wunsch nach Ökostrom wird von vielen Anbietern mittlerweile erfüllt, aber auch dynamische Tarife werden in Zukunft immer häufiger angeboten.

THERMOSTATE RICHTIG EINSTELLEN

Welche Stufe entspricht welcher Temperatur? Bei Standard-Thermostaten bedeuten Stufe 2 etwa 16 Grad Celsius, Stufe 3 ungefähr 20 Grad Celsius und Stufe 4 zirka 24 Grad Celsius. Hier gilt: Jedes Grad weniger spart ungefähr 6 Prozent Energie! Empfohlen werden – je nach persönlichem Empfinden und der Raumnutzung – Raumtemperaturen zwischen 18 und 21 Grad.

Um Schimmelbildung zu vermeiden, sollte die Temperatur (auch nachts) nicht unter 16 Grad Celsius liegen und regelmäßig gelüftet (Stoßlüftung) werden. Energie spart, wer während des Lüftens die Thermostate herunterdreht.

HEIZUNGSEINSTELLUNGEN ÜBERPRÜFEN

In der Bedienebene können Zeiten programmiert werden, in denen die Heizung gar nicht läuft oder die Raumtemperatur abgesenkt wird (Nachtabsenkung oder Nachtabschaltung). Wer längere Zeit außer Haus ist (zum Beispiel in den Ferien), sollte rechtzeitig den Urlaubsmodus aktivieren und die Warmwasseraufbereitung möglichst schon am Tag vorher abschalten. Im Winter sollte bei zu erwartenden niedrigen Temperaturen ein Frostschutzprogramm laufen.

ROHRLEITUNGEN DÄMMEN

Einfaches, leicht zu befestigendes Dämmmaterial speziell für Heizungsrohre wird im Fachmarkt angeboten. Die lückenlose Dämmung von Heizungsrohren, Leitungen und Armaturen in unbeheizten Räumen ist übrigens im Gebäudeenergiegesetz (GEG) für alle Gebäude vorgeschrieben. Die Dämmstärke muss dabei mindestens dem Rohrdurchmesser entsprechen! Die Regelung betrifft alle zugänglichen Rohrleitungen und Armaturen, die die Wärme transportieren für Heizung, warmes Trinkwasser und die Trinkwasserzirkulation im Keller.

REPARIEREN, REINIGEN ODER AUSTAUSCHEN

Vor allem alte Zirkulationspumpen verbrauchen viel Strom. Hier kann ein Tausch gegen ein neues Bauteil sinnvoll sein. Wartung und Reinigung sind ebenfalls zu empfehlen.

Heizkörper funktionieren besser, wenn sie vom Staub befreit oder mit Zusatzventilatoren bestückt werden. Dadurch wird die Wärme besser verteilt. Bei der Wahl der sogenannten Heizkörperverstärker kann ein Blick in Testberichte hilfreich sein.

WÄRMEBEDARF REDUZIEREN

Kann die Temperatur im Haus um 1 oder mehr Grad gesenkt werden, ohne dass Komfort verloren geht? Müssen alle Räume (gleich) beheizt werden? Sind statt 21 auch 20 Grad angenehm? Wer lüftet, sollte an kalten Tagen auf Stoßlüftung achten. Einmal komplett alle Fenster für einige Minuten zu öffnen statt Dauerlüftung in Kippstellung spart Energie!

WÄRMEVERLUSTE PRÜFEN

Mit Hilfe einer Infrarotkamera können die verschiedenen Temperaturbereiche und Wärmeströme im Haus sichtbar gemacht werden. Die Wege der Fußbodenheizung, die Wärmeverluste durch Fenster oder Haustür können so – je nach Qualität der Kamera – ideal verfolgt und erfasst werden. Ganz wichtig dabei: Hinweise/Tipps zur Funktion und Fehlerquellen (mögliche Spiegelung durch Fenster, erforderliche Temperaturdifferenz) beachten.

Mit Hilfe einer Wärmebildkamera können Temperaturen sichtbar gemacht werden.

DICHTIGKEIT PRÜFEN UND JUSTIEREN

Zieht es im Haus an einigen Stellen? Um dies zu prüfen, eignen sich Kerzen, die durch Luftbewegungen flackern oder ein Blatt Papier, das in die geschlossene Tür oder das Fenster geklemmt wird. Habe ich die Möglichkeit, dort durch einfache Abdichtungs- oder Dämmmaßnahmen Abhilfe zu schaffen? Beispiel Haustür: Klappert die Tür oder ist sie an einer Stelle undicht? Hier kann schon ein Klebestreifen oder eine Gummidichtung helfen. Sind Fenster und Türen komplett aus der Fassung geraten, können sie durch Justieren der Scharniere wieder passgenau geschlossen werden.

SCHLUSSWORT

SCHWIERIGE ZEITEN – UNPOPULÄRE ENTSCHEIDUNGEN?

Nur, wenn wir gemeinsam die Energiewende schaffen, kann der Klimawandel gebremst werden und die Natur bekommt mehr Zeit, sich zu erholen oder anzupassen.

Unsere regierenden Politikerinnen und Politiker sind nicht zu beneiden. Täglich werden ihre Aussagen, Vorschläge und Entscheidungen kommentiert, kritisiert oder kategorisch abgelehnt. Dabei ist vor allem die Art und Weise der Anfeindungen in den sozialen Medien, aber immer häufiger auch vor Ort bei Veranstaltungen oder Treffen, erschreckend aggressiv und persönlich geworden. Vor allem das Thema Energiewende und Klimaschutz spaltet die Nation. Einigen gehen die Maßnahmen zu weit, andere halten sie für unzureichend. Geht alles viel zu schnell? Oder muss das Tempo erhöht werden? Diskutiert wird auch grundsätzlich über Sinn und Zweck der Energiewende. Gibt es den menschengemachten Klimawandel überhaupt? Können wir nicht alles so lassen, wie es ist? Müssen wir alles umkrempeln? Und vor allem – wieso muss ich mich ändern und wieso machen nicht erst die anderen einen Schritt?

Wir haben uns dazu entschieden, die Energiewende im privaten Bereich zu vollziehen. Wir haben das getan, was für uns praktikabel und finanzierbar war. Das gilt für viele Bereiche unseres Lebens. Für uns war die Abschaffung unseres zweiten Autos logisch, aber bei Weitem kein Verzicht. Fünf Kilometer mit dem Rad zu fahren statt mit dem Auto, bedeutet für uns mehr Lebensqualität statt weniger. Den Alltag nachhaltiger, energiesparender und möglichst umweltfreundlich zu gestalten, hat nicht dazu geführt, dass wir abends frierend und in Decken gehüllt auf dem Sofa sitzen. Und im Winter nicht in kurzer Hose durch das Haus zu laufen, sondern eher einen Pulli zu tragen, ist kein Verzicht, sondern normal für uns.

Nicht jeder hat das nötige Kleingeld, um ein Haus auf einen Schlag zu sanieren, sich eine Photovoltaikanlage auf das Dach zu setzen oder sein 15 Jahre altes TÜV-geprüftes Auto in einen neuen Elektroflitzer zu tauschen. Wer in einer Mietwohnung lebt, hat vielleicht nicht einmal einen Balkon, um dort ein kleines Solarmodul anzubringen. Einen ersten Schritt kann jeder machen. Die Notwendigkeit der Energiewende muss in den Köpfen aller Menschen ankommen, egal ob alt oder jung. Jede und jeder kann zum Gelingen beitragen, selbst die kleinste Maßnahme ist wichtig. Wer zweifelt, unsicher ist oder sich hilflos fühlt, hat die Möglichkeit, sich vernetzen und zu Gleichgesinnten Kontakt aufnehmen. Nur gemeinsam ist die Energiewende machbar, nur gemeinsam können Zweifel aus dem Weg geräumt werden. Zeit für die Energiewende und für eine lebenswerte Zukunft ist nicht übermorgen, nicht morgen – sondern jetzt!

WEITERFÜHRENDE LINKS

Unsere Homepage:
www.gewaltignachhaltig.de

Unser YouTube-Kanal:
www.youtube.com/channel/UC-k-5F2j4CUzuwkx1QLRlpA

Bundesministerium für Wirtschaft und Klimaschutz:
www.bmwk.de/

Bundesnetzagentur:
www.bundesnetzagentur.de

Deutsche Ziele Energiewende:
www.bundesregierung.de/breg-de/schwerpunkte/klimaschutz/energiewende-beschleunigen-2040310

Energieexpertenliste:
www.energie-effizienz-experten.de/

Fraunhofer-Institut für Solare Energiesysteme:
www.ise.fraunhofer.de/

Informationen zum Smart-Meter-Gateway:
www.bdew.de/energie/digitalisierung/welche-rolle-spielen-smart-meter-fuer-die-digitalisierung-der-energiewende/

Kreditanstalt für Wiederaufbau:
www.kfw.de

LWF (Bayerische Landesanstalt für Forstwirtschaft):
www.lwf.bayern.de/

Netzfrequenz:
www.netzfrequenz.info/

Umweltbundesamt:
www.umweltbundesamt.de/
Entscheidungsbaum beim Heizungstausch:
https://www.umweltbundesamt.de/bild/das-gebaeudeenergiegesetz-ihr-weg-zu-einer-heizung

Utopia:
https://utopia.de/

Landingpage für Gesetzesänderungen:
https://www.penguinrandomhouse.de/OsterPamperin_Photovoltaik

NOTIZEN

NOTIZEN

NOTIZEN

NOTIZEN

Liebe*r Leser*in,

wir hoffen sehr, dir hat das Buch gefallen, und würden uns freuen, wenn du eine Rezension bei deinem liebsten Onlinehändler schreibst.

Hast du Fragen, Wünsche oder Anregungen?
Dann schreibe gerne an: yuna@penguinrandomhouse.de.

Viele Grüße

YUNA

IMPRESSUM

1. Auflage

Originalausgabe

Neumarkter Str. 28, 81673 München

Covergestaltung: Jürgen Kiermeier YUNA, unter Verwendung eines Motivs von AdobeStock: ABCDstock, Andreas Gruhl, Marco, mmphoto, Planetz

Layout/Satz: Jürgen Kiermeier, YUNA

Druck und Bindung: Pixartprinting, Lavis

MIX
Papier | Fördert gute Waldnutzung
FSC® C147178

Printed in Italy

Penguin Random House Verlagsgruppe FSC® N001967

ISBN 978-3-517-30356-7

Bildnachweis:

AdobeStock: 4th Life Photography, aerogondo, arrowsmith2, ARVD73, Astrid Gast, BASILICOSTUDIO STOCK, chbsc, Christian Schwier, Christian, contrastwerkstatt, Daisy Daisy, Daniel Ernst, DG PhotoStock, EliteLensCraft, Farid, hkama, i-picture, Jason Bennee, Jürgen Fälchle, Lazy_Bear, lovelyday12, LUMINA IMAGES, Maksym Yemelyanov, malp, Marc Calleja, Marco2811, marcus_hofmann, OrthsMedien, Petair, PhotoSG, Pixel62, PixelboxStockFootage, radekcho, slavun, slavun, standret, Stefanie Baum/Westend61, Stockhausen, studio v-zwoelf, stylefoto24, Summit Art Creations, Tomasz Zajda, Trueffelpix, Wolfilser, Yakobchuk Olena,

Shutterstock: Aleksandar Malivuk, NOWRA photography,